cocon

Jörg Stier: Vom Apfel zum Wein
Erschienen im CoCon-Verlag
In den Türkischen Gärten 13, 63450 Hanau
Tel. 06181 17700 Fax 06181 181333
E-Mail: kontakt@cocon-verlag.de
www.cocon-verlag.de
ISBN 978-3-86314-222-3
Hanau 2013

Lektorat: Andrea Euler
Titelgestaltung: Manfred Nachtigal
unter Verwendung eines Gemäldes (Glas 227, 2013) von
Joerg Eyfferth: Motiv mit Apfelstillleben, Apfel-Wein-Kelch,
Cidre-Tasse und geripptem Apfelweinglas

Jörg Stier

vom *Apfel* zum *Wein*

Natur – Herstellung – Genuss

cocon

Für meine beiden Söhne Marco und Laurin.

Ich wünsche euch die Freude beim Apfelweinhandwerk,
wie ich sie in den vergangenen dreißig Jahren erleben durfte.

Inhalt

»Vom Apfel zum Wein«

Die Wertschätzung des Apfelweins stieg in den vergangenen zehn Jahren enorm. Kreatives Weinhandwerk erweckte das ehemalige »Volksgetränk« aus seinem Dornröschenschlaf. Aus altbackenem Brauchtum erblühte innovative Genusskultur. Entwicklungen, die fortdauern und Publikum, Medien, Gastronomen und Fachhändler begeistern.
Immer mehr Menschen erkennen im hessischen Nationalgetränk ein Stück Identifikation mit ihrer Heimat. Wo besser als im »Gerippten Apfelweinglas« finden wir Ökologie, Ökonomie, Kultur, Genuss, Geschichte und Emotion – eben all das, was unsere Region beschreibt?
Mit diesem Buch möchte ich euch den Weg zum Apfel-Erlebnis-Getränk ebnen. Vom Pflanzen eines Apfelbaums bis zum Apfelweingenuss in geselliger Runde beschreibe ich ein hautnah erlebbares Wirkungsfeld. Völlig egal, ob ihr den kompletten handwerklichen Weg »vom Apfel zum Wein« geht oder euch gemäß eurer Vorlieben Schwerpunkte auswählt. »Vom Baum in den Bembel« birgt die stete Einladung, mitzutun und teilzuhaben. Gibt es doch nun mal keinen schöneren Wegbereiter zu unserem »Nationalgetränk« als die Faszination der Wandlung vom Apfel zum Wein.
Allen Interessierten regionaler Genusskultur biete ich ein unterhaltsames Lesebuch. Jeder neugierig Gewordene kann mit nur geringem Aufwand seinen ersten Schoppen zapfen. Die Vielzahl an Tipps und Hinweisen eröffnet dem Kelterprofi eine Fülle von Möglichkeiten, sein bewährtes Handwerk mit weiteren Impulsen zu beleben.

Zugleich war und ist es mein Bestreben – durchaus streithaft – Themen zu benennen, die aus meiner Sicht für die Weiterentwicklung der Apfelweinkultur entscheidend sind, und Stellung zu beziehen:

- Darf der Apfelwein die Bezeichnung »Wein« beanspruchen?
- Gibt es eine einzig richtige Art des Kelterns?
- Schwefel, Essigsäure, Konzentrat – Segen oder Teufelszeug?
- Kann ein regionales Genussmittel wie unser Apfelwein in der heutigen Zeit überleben?
- Sind unsere heimischen Obstwiesen dem Untergang geweiht?

Fragen, die selbst außerhalb der »Apfelwein-Szene« so widersprüchlich wie emotional diskutiert werden. Aber diese Kontroverse macht die Stärke des Apfelweins aus. Denn die Vielfalt unserer faszinierenden Apfelweinkultur weist einen Weg in deren Zukunft.
Diese Diskussionen verbinde ich mit der Aufforderung an die Zunft der Kelterer, Position zu beziehen. Jeder einzelne selbstgekelterte Liter Apfelwein ist Ausdruck kulturpolitischen Handelns, egal ob er vom Freizeitkelterer für den Eigenbedarf erzeugt wird oder aus einer Großkelterei kommt, die mit ihren Markenprodukten im Wettbewerb steht.

Seit der CoCon-Verlag mein erstes Buch »Vom Baum in den Bembel« veröffentlichte, sind mehr als zehn Jahre vergangen. Bis dahin gab es im deutschsprachigen Raum jahrzehntelang nicht eine einzige Neuerscheinung, die sich ausschließlich dem Apfelwein gewidmet hat.
Wohl ein Grund für den beachtlichen Erfolg des Buchs: Es avancierte zu einem der Standardwerke über den hessischen Apfelwein. Mehrere Ausgaben mit einer Gesamtauflage von annähernd 10 000 Exemplaren fanden ihren Weg zu Selbstkelterern und Apfelweininteressierten.
»Vom Apfel zum Wein« kann in gewisser Hinsicht als dessen Nachfolger gesehen werden. Darüber hinaus soll das euch nun vorliegende Buch unterschiedlichste Erfahrungen vermitteln – nicht bierernst, sondern »apfelweinlustig«. Deshalb habe

ich – wie bereits in meinem Buch »Apfelwein in Geschichten und Anekdoten« – den »Babbel-Schorsch« eingeladen, euch mit manchen Kommentaren zu konfrontieren. Gelegentlich zitiert er »de Obba« – und lässt damit die Erfahrungen seines Großvaters aufleben. Weitere Erkenntnisse hat er von Miguel Angel Garcia Otero (S. 78) und Tante Jolesch (S. 80) übernommen.

Ich gebe euch einige Keltertipps, begebe mich mit euch auf verschiedene Kelterexkurse und enttarne so manches Keltermärchen. Über den **»Wegweiser«** → S. 100, die **»Häufig gestellten Fragen«** → S. 94 und den **Index** → S. 96 könnt ihr leicht auf Themen oder Abläufe zugreifen.

Außerdem habe ich das Buch zweigeteilt, womit die Übersichtlichkeit nochmals erleichtert wird.
Vom Apfel … beschäftigt sich mit den Hintergründen des Obstanbaus sowie den Grundlagen von Kelterhandwerk und Saftbereitung.
… zum Wein weiht euch ein in die Geheimnisse der Apfel-Wein-Bereitung und schildert im zeitlichen Ablauf die Weinbegleitung.

Nun freue ich mich, euch einladen zu dürfen in die wunderbare Welt der Apfelweine. Und wohin sonst sollten uns die ersten Schritte führen als zum Ursprung des Weins aus Äpfeln?

vom apfel ...

Die Obstwiese

Sie seien landschaftsprägend für die Region, ein wertvoller Lebensraum von Pflanzen und Tieren sowie ein bedeutender Erholungsraum für den Menschen. Es sind viele Lobpreisungen, mit denen wir unsere Streuobstwiesen schmücken. Trotzdem kann solcherlei Anerkennung die Apfelweinfreunde wenig beruhigen. Denn aller Lobreden zum Trotz stellt sich die Wertschätzung dieses heimischen Kulturgutes im Alltag äußerst gering dar.

- Die Früchte der Streuobstwiesen erzielen einen derart niedrigen Preis, dass die Erlöse nicht einmal für eine kostendeckende Bewirtschaftung der Bäume reichen.
- Mit der Schafzucht genießt ein existenziell ökonomischer Faktor zum Erhalt des ökologischen Kreislaufs um die Obstwiesen in vielen Regionen keine Wertschätzung.
- Die Begeisterung für die Obstwiese endet für den Grundstücksbesitzer meist, sobald es um das eigene (Bau-) Land geht.
- Vor nicht allzu langer Zeit sollten die Streuobstwiesen aus dem hessischen Naturschutzgesetz gestrichen werden.
- Manche Weininstitute lehnen die Äpfel der heimischen Obstwiesen als ungeeignet für die Apfelweinbereitung ab.

Meldungen, die uns als Liebhaber regionaler Apfelweinkultur völlig zu Recht in Unruhe versetzen. Denn die Bedeutung der heimischen Äpfel für unser hessisches Nationalgetränk ist kaum überzubewerten. Grund genug, euch zur Einstimmung zu einem kleinen Ausflug auf die Streuobstwiesen einzuladen.

Weitverbreitet besteht der Irrglaube, Obstwiesen entstünden gänzlich ohne das Zutun des Menschen. Denn das Gegenteil ist der Fall: Dieses Biotop wurde geschaffen von Menschenhand. Wir erleben eine Kulturlandschaft, die uns vom spannenden Zusammenspiel von Mensch und Natur erzählt und uns zum

Handeln einlädt. Ohne unsere weitere Begleitung durch Pflege, Pflanzen und Veredeln wird diese Landschaftsform vergehen.
Von der intensiven Beziehung zwischen Obstbaum und Mensch zeugt bereits die besondere Art der Bewirtschaftung unserer Obstwiesen, die ausschließlich als Generationenvertrag fruchtet. Denn die hochstämmigen Obstbäume, die das Landschaftsbild in Hessen prägen, erbringen während ihrer ersten Lebensjahre keine nennenswerten Erträge. Mit einem Vollertrag können wir nicht vor deren zehntem Lebensjahr rechnen. Im Durchschnitt erreichen die Bäume ein Lebensalter von etwa 100 Jahren. Folglich ernten wir von den Bäumen, die unsere Eltern angebaut haben. Und geben unseren Kindern in Obhut, was wir pflanzen. In der Hoffnung, dass mit diesem Erbe auch die künftigen Generationen guten Schoppen keltern.

Eine kleine Zeitreise über die Obstwiesen

In der eben beschriebenen Weise bewirtschaftete Obstwiesen finden wir weltweit in vielen Regionen. Beispielsweise gilt das spanische Baskenland als eine der ältesten Obstbauregionen. Historische Quellen belegen in dortigen Gebieten bereits für Mitte des 8. Jahrhunderts n. Chr. den großflächigen Anbau von Apfelbäumen. Die Ursprünge des nordspanischen Obstbaus liegen demnach noch weiter in der Vergangenheit.
Zwar können wir aufgrund historischer Quellen auf Obstbau schon bei Westgoten, Baiern und Langobarden folgern. Auch kannte man im Herrschaftsgebiet Karls des Großen den Anbau von Apfel- und Birnbäumen, wie wir dem **Capitulare de villis** (Landgüterverordnung) von 802 n. Chr. entnehmen. Namentlich für das nördliche Mitteleuropa – im Gebiet zwischen Rhein, Main und Oder – fehlen jedoch Hinweise für eine intensive und kontinuierliche Obstbaumzucht aus jener Zeit.
Demgegenüber finden wir zuhauf Verordnungen und Bestimmungen, die den Obstbau in diesen Regionen strikt reglemen-

tierten. Im Gebiet des heutigen Deutschland unterdrückten die Herrschenden über Jahrhunderte hinweg jede Pflanzung von Apfelbäumen. Verständlicherweise befürchteten die Steuereintreiber Umsatzeinbußen bei den hochbesteuerten Traubenweinen, sollte sich der Wein aus Äpfeln als dessen alkoholische Konkurrenz etablieren. Folglich verboten die staatlichen und kirchlichen Gesetzgeber weitestgehend die Herstellung von Apfelwein. Genaueres zu den historischen Hintergründen findet ihr in meinem Buch »Apfelwein in Geschichten und Anekdoten« ab Seite 10.

Verbreitung fanden die Apfelbäume bis zum Ende des Dreißigjährigen Krieges daher nur in Hausgärten sowie in allen Klostergärten. Apfelsorten wie »Bischofsmütze«, »Nonnenapfel« oder »Pfaffenapfel« weisen noch heute auf den klerikalen Obstbau jener Zeit hin.

Infolge der massiven Verheerungen dieser Zeit und der daraus folgenden Hungersnöte begannen die damaligen kirchlichen und weltlichen Herrscher, sich der Vorbilder aus Nordspanien, Südwestfrankreich und Südengland zu besinnen. In diesen Regionen leisteten die Obstwiesen ja bereits seit langer Zeit einen wertvollen Beitrag zur Ernährung der Bevölkerung. Bald wurde es verordnete Pflicht für die Untertanen, Apfelbäume zu pflanzen. In den Gebieten des heutigen Hessen begann somit der landschaftsprägende Obstbau etwa tausend Jahre später als beispielsweise in Nordspanien oder Nordwest-Frankreich.

Bei der Auswahl der Pflanzungen spielten die Vorlieben des jeweiligen Herrschers ebenso wie die fachlichen Kenntnisse seiner Untertanen die entscheidende Rolle. Im damals zerstückelten Deutschen Reich mit seinen unzähligen Fürsten, Bischöfen und allen anderen Regenten fanden von Region zu Region die unterschiedlichsten Obstsorten Berücksichtigung. Bei den über 800 verschiedenen Apfelarten, die es schätzungsweise seinerzeit in den Grenzen des heutigen Hessen gab, waren die Auswahlmöglichkeiten denkbar groß. Bis in unsere Tage spiegelt die völlig

unterschiedliche Sortenzusammensetzung auf den Obstwiesen die politischen Verhältnisse jener Zeit wider. Die Apfelbaumzucht entwickelte sich zum gesellschaftlichen Anliegen, das den Obstbau bis heute prägt.
Die Ernte auf unseren Wiesen beschränkte sich jedoch nicht auf Äpfel alleine. Die unterschiedlichsten Bäume und Sträucher fanden ihren Lebensraum und versorgten die Menschen mit ihren Früchten: Nüsse, Kirschen, Schlehen, Pflaumen, Quitten, Pfirsiche, Kastanien, Renekloden, Speierlinge, Mispeln und viele weitere Sorten mehr. Manche Ortschaften erzielten enorme Bekanntheit durch den Anbau von Mirabellen, andere dank ihrer Süß- oder Sauerkirschen. In wieder anderen Landstrichen dominierten Zwetschgen oder Nüsse.
Einige Entwicklungen in der Natur führten zur Beeinträchtigung des Weinbaus. Beispielsweise die **»Kleine Eiszeit«** im 17. Jahrhundert und der Befall der Weinstöcke durch die Reblaus im 19. Jahrhundert. Der Weinbau wurde vielerorts unwirtschaftlich, was das Aufblühen des Obstbaus begünstigte.
Die damaligen Landgrafschaften Hessen-Darmstadt und Hessen-Kassel entwickelten sich Ende des 18. Jahrhunderts gar zu führenden Apfel-Export-Ländern. Entwicklungen, die mit einem gewaltigen Aufschwung der Apfelweinproduktion in jener Zeit einhergingen. Weitere Berichte hierzu findet ihr in »Apfelwein in Geschichten und Anekdoten« ab Seite 52.
Ihren absoluten Höhepunkt erreichte die Obstbaumzucht um 1930. Gemäß amtlichen Zählungen standen im damaligen Deutschen Reich annähernd 15 Millionen Apfelbäume. Jede Ansiedlung wurde von einem Obstbaumgürtel umrandet. Dieser trug gleichermaßen auch zum ausgeglichenen Ortsklima bei. Unter den Obstbäumen weideten Schafe, Ziegen und Kühe. Die Wiesenkräuter halfen bei Erkältungen, Verletzungen oder Liebeskummer. Kaum vorstellbar, wie die Menschen ohne diese »Märkte auf der grünen Wiese« die entbehrungsreichen Hungerjahre zweier Weltkriege hätten überleben sollen.

Erst mit der Industrialisierung der Landwirtschaft, die nach dem Ende des Zweiten Weltkrieges einsetzte, sahen viele die Obstwiese als altmodisches Überbleibsel einer vergangenen Epoche. In den nun angebrochenen »modernen Zeiten« setzten die Landwirtschaftsministerien auf großflächige Lebensmittelproduktion in Mastbetrieben, Legebatterien und eben Apfelplantagen. An den Wegesrändern wie auf den landwirtschaftlichen Nutzflächen standen die Apfelbäume buchstäblich im Weg. Im Rahmen von »Flurbereinigung« honorierten die Ämter das Fällen eines Obstbaums gar mit einer Rodungsprämie. Die Landwirte strichen nur zu gerne diese Zahlungen ein. Ein regelrechter Kahlschlag war die Folge. Von den 15 Millionen Apfelbäumen blieb bis zu den achtziger Jahren weniger als eine Million übrig.
Ein wirtschaftspolitisches Ziel wurde in der Tat erreicht: Niemals zuvor konnten die Deutschen so billig Lebensmittel einkaufen wie seither. Die äußerst geringen Verdienstspannen, die den landwirtschaftlichen Betrieben blieben, glichen staatliche Stellen mit Zuschüssen und Fördermitteln aus. Gelder, die überwiegend an die Großbetriebe flossen. Zahlreiche kleine Bauernhöfe konnten dagegen von ihrem Ertrag nicht mehr existieren. Die Schließung vieler kleiner Betriebe förderte die Entwicklung weniger, gigantischer Produktionseinheiten. Letztendlich musste die daraufhin entstandene Überproduktion an Lebensmitteln verwaltet und vernichtet werden. Einhergehend »belohnten« die zuständigen Ministerien Landwirte mit Fördergeldern dafür, dass sie nicht mehr produzierten (Flächenstilllegung). Und heute zahlen wir Steuerzahler weit mehr, als wir durch den Kauf günstiger Lebensmittel – von minderer Qualität – sparen. Aber das gehört ja eigentlich nicht hier her.
Trotz all dieser verwunderlichen Vorgänge erkennen seit einiger Zeit immer mehr Menschen den vielfältigen Nutzen der Obstwiesen.
Über den sonntäglichen Spaziergang hinaus entdeckt die Bevölkerung diese Landschaften als Freizeit- und Erholungsraum.

Inmitten der Obstbäume fühlen sich einfach alle wohl. Die Aktivitäten auf dem »Baumstück« ersetzen manch einem den Besuch im Fitnessstudio. Neben der Bewegung in freier Natur bietet die eigene Obstwiese den kreativen Rahmen zur freien Gestaltung eines natürlichen Lebensraums. Viele richten an diesem Ort ihr »neues Wohnzimmer« ein – das Beisammensein mit Familie, Freunden oder Arbeitskollegen gewinnt unter den Apfelbäumen eine völlig neuartige Erlebnisqualität. Wir befinden uns immerhin inmitten des artenreichsten Biotops nördlich der Alpen – in der Gesellschaft von mehr als 5000 verschiedenen Pflanzen- und Tierarten.
Vor einiger Zeit galt es als »chic«, jeden Besuch mit französischer Kochkunst und italienischem Wein zu beeindrucken. Mittlerweile wenden sich Gäste und Einheimische dem Genuss von Lebensmitteln aus heimischer Region zu. Die kulinarische Anerkennung von eigener Küche und eigenem Keller, wie sie in vielen Ländern alltäglich gelebt wird, begeistert endlich auch bei uns. Daraus entwickelt sich eine Wertschätzung der Heimat, die sich unmittelbar auf die Wirtschaftlichkeit der Obstwiesen auswirkt. Als Vorbild möchte ich das spanische Baskenland anführen: Während der Durchschnittspreis für 100 Kilo Kelteräpfel in Hessen in den vergangenen Jahren um die zehn Euro betrug, zahlten die baskischen Sidraproduzenten im Durchschnitt über 30 Euro. Als weiteren bemerkenswerten Trend sehe ich die beständig wachsende Bedeutung der häuslichen Lebensmittelbereitung. Zukunftsforscher prognostizieren für diesen Lebensaspekt in absehbarer Zeit enormen Aufschwung. Im Zuge dieser Entwicklung erhöht sich die Wichtigkeit eigener Apfelbäume. Mit der Tätigkeit auf der Obstwiese kann jeder Äpfel ernten, die dem Anspruch an Bio-Qualität entsprechen, womit ein hoher wirtschaftlicher Wert erzielt wird. Schließlich bieten Keltereien attraktive Konditionen für den Tausch von Kelterobst für Apfelsaft und Apfelwein. Ein überschaubarer Aufwand gewährleistet die Versorgung der ganzen Familie mit qualitativ hochwertigen, regionalen Getränken.

Vom Couchpotato zum Obstwiesenbesitzer

Nun möchtet ihr natürlich unbedingt eine Streuobstwiese bewirtschaften?!
Zuerst solltet ihr bei Freunden und Verwandten herumfragen. Gut möglich, dass noch irgendwo ein paar Bäume herumstehen, die seit Jahrzehnten euch als interessierte Obstliebhaber herbeisehnen. Sollte dies nicht zum Erfolg führen, gibt es weitere Alternativen. Einige Städte und Gemeinden bieten das »Abernten« kommunaler Bäume über Versteigerungen an. Eine kostengünstige Variante, die schon manche Ernte ermöglicht hat. Eine weitere Möglichkeit bietet der Kauf einer Wiese. Die Preise erscheinen mir jedoch häufig sehr hoch bis überhöht. Wohl auch, weil manch einer hofft, sein Wiesengrundstück könnte eines Tages als Bauland ausgewiesen werden. Eine verlockende Option bieten die mancherorts angebotenen »Tauschbörsen« – beispielsweise in Maintal und Frankfurt. Ihr verpflichtet euch zur Pflege der Obstwiese und erntet im Gegenzug, was die Bäume und Sträucher hergeben. Achtet darauf, dass die Laufzeit dem Aufwand eurer Pflegemaßnahmen entspricht. Es wäre ja schade, wenn das Grundstück an den Eigentümer zurückfällt, bevor eure Arbeit mit der angemessenen Erntemenge vergütet wurde. Was noch zu beachten ist, findet ihr in dem Mustervertrag im Internet unter www.streuobst-maintal.de.

Angeblich hat schon so mancher bei der Partnerwahl berücksichtigt, wie viele Obstbäume die Erwählte in die Beziehung einbringt. Getreu der alten Weisheit: Die Liebe vergeht, der Obstbaum besteht ...

Nun steht ihr nach all euren Bemühungen endlich auf eurer ersten eigenen Wiese – die ist jedoch völlig »obstfrei«. Müsst ihr deshalb eine zehnjährige Durststrecke bis zum ersten eigenen, selbstgepflückten Apfel aushalten? Natürlich nicht!

Zwar gilt die Pflanzung hochstämmiger Bäume als erklärtes Ziel. Als Übergangslösung könnt ihr jedoch ein paar schnellwachsende, halbstämmige Bäume setzen. Bereits innerhalb der folgenden zwei bis drei Jahre kommt ihr in den Genuss der ersten eigenen Ernte. Diese schnell tragenden Bäume verfügen über eine kürzere Lebensdauer. Bis die halbstämmigen Bäume abgängig sind, erntet ihr aber schon Äpfel von den Hochstämmen, die ihr in weiser Voraussicht zum selben Zeitpunkt gesetzt habt. Die nun wieder frei gewordenen Flächen bepflanzt ihr direkt mit den nächsten hochstämmigen Obstbäumen. Beachtet beim Nachpflanzen, dass die Äpfel zu den Rosengewächsen zählen – der Nachbau an genau derselben Stelle ist erfahrungsgemäß unmöglich. Aufgrund des notwendigen Ausweichens auf einen Platz »außerhalb der Reihe« entsteht die charakteristische Obstwiese, auf der die Bäume wie »gestreut« wirken. Innerhalb von zehn bis fünfzehn Jahren besitzt ihr eine Streuobstwiese, die sich in das Landschaftsbild einfügt und dieses somit perfekt ergänzt. Darüber hinaus erschafft ihr einen Naturraum, der – einem Vermächtnis gleich – euch überdauern wird. Ein wundervolles Gefühl zu wissen, dass irgendwann einmal meine Kinder von den Bäumen ernten, die ich pflanzte, während unter dem schützenden Astwerk meine Enkel spielen. Werte, die mit Geld nicht zu erwerben sind.
Vor der Auswahl der zu pflanzenden Bäume und Sträucher solltet ihr euch über eure persönlichen Vorlieben und Nutzungsabsichten im Klaren sein. Nehmt bei der Sortenauswahl Hilfe an. Bis hin zur Pflanzplanung könnt ihr mit fachkundiger Beratung so manchen unnötigen Aufwand und einiges Geld sparen. Erste Auskünfte über Flächen, die zum Kauf oder Tausch angeboten werden, bekommt ihr bei den örtlichen Obst- und Gartenbauvereinen, der städtischen Verwaltung und den regionalen Landschaftspflegeverbänden → S. 110. Zumeist findet ihr dort auch Unterstützung bezüglich des Kaufs hochwertiger und doch günstiger Bäume. Informationen über Seminarangebote, bei

denen ihr alles rund um das Pflanzen und Pflegen der Bäume erfahrt, erhaltet ihr ebenfalls dort.
Der »Lebensraum Streuobstwiese« benötigt unbedingt die Fülle unterschiedlichster Gewächse. Je vielfältiger beispielsweise der Pool der genetischen Eigenschaften des Baumbestands ist, desto größer sind dessen Chancen, gegenüber künftigen Herausforderungen – wie etwa dem Klimawandel – zu bestehen. Ein Gedanke, der unabhängig von der Größe einer zu bepflanzenden Fläche berücksichtigt werden darf.
Wollt ihr aus dem eigenen Obst Saft oder Wein keltern, wünscht ihr, die Ernte eurer Wiesen in flüssiger Form zu genießen? Selbstverständlich erwarte ich nach meinem aufopferungsvollen Schreiben an dieser Stelle einhellige Bejahung. Dann seid euch bewusst, dass die Auswahl der Apfelsorten den Geschmack eures Obstwiesenproduktes entscheidend prägt. Apfel ist nicht gleich Apfel – genauso wenig, wie Apfelwein gleich Apfelwein ist. Jede Apfelsorte bringt ihre sortenspezifischen Geschmacksnuancen mit. Während eine große Sortenvielfalt zum typischen Apfelweingeschmack beiträgt, führt eine schmale Sortenauswahl meist zu völlig unerwarteten Geschmackserlebnissen.
Setzt ihr früh-, mittel- und spätblühende Apfelsorten, bietet euch eure Obstwiese in einem guten Apfeljahr über die gesamte Herbstsaison Äpfel. In einem schwachen Jahr fällt das Risiko des kompletten Ernteausfalls gering aus. Beispielsweise vernichtet ein später Frost im Frühjahr, wie wir ihn in den vergangenen Jahren häufig erlebten, nicht die Blüte aller Bäume.
Schließlich benötigt ein Apfelbaum zur Befruchtung immer eine andere Apfelsorte. Verschiedene Apfelsorten auf einer Wiese erhöhen deshalb die Aussicht auf eine gute Befruchtung und damit auf eine reiche Ernte.
Dies führt uns zur schmackhaften Fülle der heimischen Streuobstwiese. Womit wir bereits beim nächsten Thema anlangen – der »Rohware« ...

Äpfel und andere Kelterfrüchte

Nach all den bewegenden Erlebnissen unter unseren Apfelbäumen fällt es schwer, die Früchte, die wir voller Freude ernten, als bloße »Rohware« zu bezeichnen. Obst, das über ein ganzes Jahr wächst und reift, ist gleichsam ein Abbild des Mikroklimas der Streuobstwiese. Köstlichstes Nahrungsmittel, das uns sämtliche Einflüsse, welche die Obstwiese berührten, in unterschiedlichster Weise – regelrecht konzentratartig – schmecken lässt. Beispielsweise wird ein Sommer voller Sonne sehr zuckerreiche Äpfel mit vollem Aroma hervorbringen. Regenreiche Herbsttage dagegen »verwässern« den Geschmack.

Der fachliche Begriff »Rohware« findet vorwiegend in Kreisen Verwendung, in denen die Apfel-Wein-Bereitung als bloße »Obstverwertung« verstanden wird. Wir hingegen begreifen unsere Tätigkeit als Veredlung des heimischen Obstes zu genussvollen Ereignissen.

Der Apfel begleitet uns seit Urzeiten. Bereits in frühesten Mythen und Sagen gilt er als Symbol des Lebens, der Liebe und der Fruchtbarkeit. Stets betrachteten die Menschen den Apfel als Sinnbild von Unsterblichkeit, Wissen und Weisheit. Es konnte nichts anderes als ein Reichs«Apfel« sein, der die kaiserliche Macht Karls des Großen und all seiner Nachfolger darstellte.

Eine Reichstraube hätte ja auch ziemlich albern ausgesehen. Es war ja auch erst die kirchliche Interpretation der Schöpfungsgeschichte, die den Apfel in Misskredit brachte. Trotzdem – oder grade deshalb – verehren wir den Apfelwein bis heute als »Göttertroppe« ...

Unsere Kelteräpfel stammen nicht, wie meist fälschlich vermutet, vom heimischen Holzapfel ab. Findige Apfelkundler verfolgten die Apfel-Spuren zurück bis zur westasiatischen Stadt Alma-Ata. Die »Stadt der Äpfel« – so die bezeichnende Übersetzung – beheimatet den Altai-Apfel, auf welchen die westeuropäischen Äpfel zurückgehen. Mit einiger Sicherheit ist anzunehmen, dass diese Früchte über die Eroberungszüge Alexanders des Großen zu den Griechen gelangten. Deren Wissen übernahmen römische Obstkundler, woraufhin diese bald erste Baumschulen gründeten. Bereits um Christi Geburt beschrieben landwirtschaftliche Bücher etwa dreißig Apfelsorten. Die keltischen und germanischen Stämme wiederum lernten über den Kontakt mit den römischen Legionären die ihnen bisher unbekannten Apfelsorten kennen und schätzen.

Wir schließen daraus, dass ohne multikulturelles Zusammenspiel Apfelwein nie möglich gewesen wäre! Welche Äpfel sind aber nun die besten für das Keltern? Oft wird behauptet, des Hessen liebste Sorten seien »die Gepumpte und Geschlonzte« … Also die Erbetenen und die Zugelaufenen …

Zum Ärgernis aller Baumbesitzer nehmen Obstdiebstähle drastisch zu. Von einigen Äpfeln zum Selbstverzehr bis zu regelrecht »organisierten Wiesenraubzügen« werden ohne Scheu unrechtmäßig Obstbäume geplündert. Häufig fehlt den Obstdieben jegliches Unrechtsbewusstsein. Meistens geben sich die Übeltäter davon überzeugt, dass alle Obstbäume zum Allgemeinbesitz zählen. Manch einer missversteht es als Ernteeinladung, wenn keine Zäune vom Betreten einer Wiese abhalten. Das liegt allerdings daran, dass auf naturgeschützten Flächen feste Begrenzungen verboten sind. Deshalb möchte ich an dieser Stelle unmissverständlich darauf hinweisen, dass es keinen Baum und keine Wiese ohne Eigentümer gibt. Und daher die Bitte, selbst mit gutem Beispiel voranzugehen und keine Bäume unrechtmäßig abzuernten. Als Keltermärchen muss ebenso der Irrglaube entlarvt werden, dass es im Oktober oder November einen festgesetzten Tag gäbe, ab welchem jegliches Ernten auf fremden Grundstücken erlaubt sei. Ob es moralisch vertretbar ist, wenn im Herbst tonnenweise das Obst auf der Wiese vergammelt, sei dahingestellt. Juristisch bindend ist jedoch das Eigentumsrecht: Es darf kein fremdes Eigentum entwendet werden, noch nicht einmal das Grundstück des unbekannten Eigentümers dürft ihr betreten. Oder würdet ihr es gutheißen, wenn Spaziergänger in eurem Garten Rosen abschneiden, weil davon doch reichlich dort stehen?

Für die Qualität der Apfelweine beschwört die Zunahme der Obstdiebstähle fraglos einen schlechten Beigeschmack herauf: Aus Angst vor Diebstahl setzen viele Baumbesitzer den Erntetermin zu früh an, oftmals befindet sich das Obst noch im Stadium der Vorreife. Es sind jedoch nur die ausgereiften Äpfel, die sämtliche wertvollen Inhaltsstoffe mitbringen, dank derer ausgezeichnete Apfelweine entstehen.

Den optimalen Reifezeitpunkt stellt ihr recht einfach fest: Zieht behutsam an einem am Zweig hängenden Apfel. Löst er sich mit nur geringem Kraftaufwand vom Ast, kann das große Apfelsammelfest beginnen.

Die Güte eurer Ernte könnt ihr erhöhen, indem ihr bereits ab Mitte August die Apfelbäume gelegentlich anschüttelt. Überzählige Äpfel fallen zu Boden, die Kraft des Baums kann sich qualitätssteigernd auf die verbliebenen Äpfel konzentrieren. Die Einbuße mag im Herzen schmerzen, aber tröstet euch damit, dass der Baum diese Erleichterung mit schmeckbar besseren Äpfeln belohnt. Zudem beugt ihr einem Totalverlust vor. Denn übervoll tragende Bäume lassen meist sämtliche Äpfel vor deren Vollreife fallen. Diese Behelfsmaßnahme ersetzt keinesfalls den Baumschnitt, über den ihr wesentlich zielgerichteter auf die Ernte einwirkt.

Vor der Apfelernte entsorgt ihr die bereits am Boden liegenden Äpfel und mäht die Wiese. Ein zusätzlicher Arbeitsschritt, der den Ernteaufwand aber deutlich verringert. An dieser Stelle möchte ich ein weiteres Keltermärchen entlarven: Faule Äpfel machen nicht den guten Geschmack des Apfelweins aus. Gam-

Kleiner Kelterexkurs in die Normandie

Im Gegensatz zur bei uns herrschenden Kelterlehre pflücken die normannischen Erntehelfer das Obst bereits im Stadium der Vorreife. Anschließend reifen die Äpfel teilweise bis über den Januar hinaus auf eigens konstruierten, hohen Holzböden nach. Die salzige Meeresluft umschließt die Früchte und verhindert somit jede Fäulnisbildung. Über die einsetzende Verdunstung verringert sich der Wasseranteil der Äpfel. Zwar folgt daraus eine geringere Saftausbeute, für die immense Steigerung des relativen Gehaltes an Zucker und allen weiteren Inhaltsstoffen wird dieser Verlust jedoch gerne in Kauf genommen.

Zu der Keltermethode fehlen uns ja noch die Voraussetzungen. Mal schauen, wie sich der Klimawandel noch auswirkt. Sobald die Nordseeküste nahe Gießen brandet, sollten wir die ersten Apfelscheunen bauen ...

Die in der oben beschriebenen Weise umsorgten Äpfel ergeben einen völlig anderen Weingeschmack. Faszinierend die Fülle, Dichte und Komplexität solcher Cidre. Edle Weine aus dem Apfel, die mit den Sonderangeboten der Großmärkte nichts mehr gemein haben. Leider versteht man bei uns unter »Cidre« meist süßlich-perlende, leicht alkoholische Apfelgetränke. Dies ist auf die deutschen Verordnungen zurückzuführen, nach denen Cidre als alkoholisches Getränk aus Äpfeln gilt, das weniger als fünf Volumenprozent Alkohol aufweist.

Und dabei gibt es in der Normandie Cidre, die leicht auf das Dreifache an Prozenten kommen. Da muss man als apfelweingewohnter Hesse schon aus ganz kleinen Gläsern trinken. Und fragt sich beim Genuss: Wo bleibt denn die einheitliche europäische Gesetzgebung, wenn man sie mal braucht ...

Die beschriebene normannische Kelterweise bedingt, dass an den jeweiligen Keltertagen eine geringe Sortendurchmischung vorhanden ist. Denn jede Apfelsorte zeichnet sich nicht nur aus durch ihren eigenen Reifezeitpunkt, sondern auch durch ihre Reifezeit im Apfellager. Die Mischung der Tanks zu Markencidre folgt meist nach dem Abzug von der Hefe – doch dazu später.

meliges Obst hat in der Kelter nichts zu suchen. Wir Hessen verwenden ausschließlich reife, saubere und gesunde Äpfel.

Unfassbar, dass man in manchen Apfelsäcken die halbe Streuobstwiese findet. Äste, Zweige, Erdklumpen – manchmal glaubt man, dass grade mal die Schafe aussortiert wurden ...

Wie viele Sorten machen den Apfelwein?

Zu den wesentlichen Grundlagen des traditionellen hessischen Kelterhandwerks zählt, dass sich die Keltermeister eine möglichst große Anzahl von Apfelsorten im Kelterobst wünschen. Aufgrund des oben beschriebenen, bis in die achtziger Jahre reichenden Kahlschlags auf unseren Obstwiesen beklagen wir leider einen drastischen Verlust an Sortenvielfalt. Von damals geschätzten 800 Apfelsorten blieben weniger als 100 übrig. Auf einem großflächigen Streuobstareal können wir immerhin noch mit vierzig bis siebzig unterschiedlichen Sorten rechnen. Durchzählen müsst ihr eure Apfelsorten nicht. Leuchtet euer Apfelberg in bunten Farben – Rot, Gelb, Grün und das am besten zu gleichen Teilen – liegt dort die Grundlage für einen guten, traditionellen Schoppen. Euer Saft wird den hierfür angestrebten, ausgewogenen Gehalt an Säuren, Aromen und Inhaltsstoffen für die Weinbereitung mitbringen. Alternativ könnt ihr die Möglichkeit nutzen, eure Äpfel in die Kelterei eures Vertrauens zu liefern. Im Gegenzug tauscht ihr den Saft, der dort aus einem großen Apfelberg gekeltert wurde. Die Entscheidung, ob ihr selbst keltert, wird also nicht alleine vom Aufwand, sondern auch vom gewünschten Kelterergebnis beeinflusst.
Einmalig wird euer Saft auf jeden Fall sein – ob ihr das wollt oder nicht. Denn die Mischung eines jeden Apfelbergs ist unwiederholbar. Mit jedem Sonnenstrahl reift das Obst weiter, mit jedem neuen Keltertag wandelt sich die Sortenzusammensetzung der

Kelteräpfel, und jede neue Keltersaison schenkt uns noch nicht da gewesene Erlebnisse.

Eben ein Stück Freude, die uns handwerklich gekelterte Apfelweine eröffnen. Diesen Schoppen, den ihr dann in euer Glas füllt, kann es nie mehr wieder geben. Womit sich uns ein Stück der Apfelwein-Faszination eröffnet. Und so unterschiedlich die Apfelweine sein mögen – sie sind immer herrliche Obstwiese. Unser Apfelwein liefert uns damit den Gegenentwurf zum langweiligen Einheitsgeschmack immer gleich schmeckender, gleich riechender und gleich aussehender »Lebens«mittel …

Wie bereits oben besprochen, prägt die Auswahl der Apfelsorten den Geschmack des Safts und mithin eures daraus reifenden Weins. Wird mit einer **eingeschränkten Sortenauswahl** gekeltert, verursacht der fertige Apfelwein oftmals Erstaunen. Schmeckt doch das Kelterergebnis – beispielsweise aus Berlepsch und Goldparmäne – so ganz anders, als der Markenapfelwein aus dem Supermarkt. Lasst euch davon nicht entmutigen – denn entscheidend bei allem ist, dass der Keltermeister selbst von seinem Schoppen begeistert ist. Könnt ihr dies freudig bejahen, habt ihr schon mal vieles richtig gemacht. Womöglich beschert ihr euch geschmackliche Erlebnisse, wie sie seit einiger Zeit voll im Trend liegen. Mittlerweile finden sogar sortenrein gekelterte Apfelweine beachtlichen Zuspruch.
Auf einem richtungsweisenden Pomologenkongress, der Ende des 19. Jahrhunderts in Meißen stattfand, fiel dagegen das allgemeine Urteil der Apfelkundler über sortenreine Apfelweine vernichtend aus: Sämtliche der dort anwesenden Fachleute lehnten nachdrücklich die Verwendung von nur einer Apfelsorte für die Apfelweinbereitung ab. Wie uns Johannes Böttner in seinem Buch »Die Obstweinbereitung« berichtet, wurden die aus bunter Mischung hergestellten Apfelweine durchgehend als »vorteilhafter« angesehen. Abseits dieser Lehrmeinung versuchten –

ebenso selten wie erfolglos – Keltereien, sortenreine Weine aus dem Apfel zu vermarkten. Erst nach 1990 kreierten Apfelwinzer wie Andreas Schneider, Jürgen Krenzer oder Peter Merkel frei aller »gut gemeinten« Ratschläge faszinierende sortenreine Apfel-Weine → S. 102, 114. Ihr engagiertes Weinhandwerk stieß auf das rege Interesse der Medien. In allerkürzester Zeit eröffnete eine Vielzahl von Herstellern unserem Nationalgetränk ein bis dahin unvorstellbar hohes Preissegment. Waren doch vor dieser Zeit Flaschenpreise von über zehn Euro für das Volksgetränk Apfelwein undenkbar. Welch immensen Beitrag zur Belebung der Apfelweinkultur diese Angebotserweiterung leistet, werden wir wohl erst in einigen Jahren ermessen können.
Begeistern euch solche im besten Sinne ausgefallenen Geschmackserlebnisse, nehmt unbedingt an einer der Apfelweinproben bei einem der namhaften Apfel-Winzer teil → S. 114 f..
Aus der Fülle der unterschiedlichsten Apfelweinrichtungen könnt ihr wichtige Impulse für euer künftiges Kelterhandwerk ziehen.
Eine höchst interessante Alternative gegenüber sortenreinen Apfelweinen und Schoppen aus der Mischung der Apfelsorten bietet die Möglichkeit, dem bunt durchmischten Apfelberg gezielt eine bestimmte Sorte in großer Menge zuzugeben. Solche **»dominantgekelterten« Apfelweine** können eine sortenspezifische Besonderheit mit dem »klassischen« Apfelweingeschmack verbinden. Eine historisch verbürgte Vorgehensweise, überwiegen doch beispielsweise auf den Obstwiesen im Hanauer Land die Bohnäpfel, auf den Maintaler Streuobstwiesen die Schafsnasen oder der Steinbacher im Kahlgrund. Verschiedene der Lokalsorten tragen gar den Ort ihrer Herkunft im Namen: Lohrer Rambur, Roter Bürgstädter und Schöner von Miltenberg, um nur einige zu nennen. Traditionelles Kelterhandwerk, veredelt von feinem Apfel-Wein-Ausbau – welch ein Genuss, die Heimat in flüssiger Form zu erleben.

Der Reichtum der verschiedenen Apfelwein-Geschmacksrichtungen scheint ja mittlerweile schier unfassbar. Und doch schmeckt der selbergemachte Apfelwein stets am allerbesten – trotz oder wegen all seiner Eigentümlichkeiten. Vorbei die Zeiten, in denen jeder geglaubt hat, einen »Publikumsschoppen« machen zu müssen – erlaubt sei, was apfelige Freude macht …

Bei der geschmacklichen Bewertung von Apfelwein spielt der Begriff »Säure« die wohl eigentümlichste Rolle. Denn meist eilt dem Apfelwein der Ruf voraus, er sei ein »saures« Getränk. Und als solches wird er gleichsam geliebt und verschmäht.
An diesem Punkt gilt es, ein weiteres Keltermärchen zu enttarnen. Es sind nicht immer die »sauren« Äpfel verantwortlich, wenn Apfelwein sauer schmeckt. Denn anders als bei Traubenwein lässt sich von der analytisch gemessenen Gesamtsäure nicht direkt auf die geschmacklich empfundene Säure schließen. Nach meiner Erfahrung schmecken Apfelweine mit höherer Gesamtsäure milder und harmonischer als solche mit niedriger Gesamtsäure. Daraus lässt sich ableiten, dass süßes Tafelobst für unsere Apfelweinherstellung nicht gefragt ist. Daher verwendeten die hessischen Keltermeister alter Zeiten »saure Kelteräpfel« und sogar zusätzlich »saure Früchte«: Weil der Schoppen weinig-mild werden sollte.

Warum auch immer, die meisten Leute verbinden mit »süß« eine angenehme Empfindung, wogegen »sauer« grade in Verbindung mit Weingenuss als schlecht empfunden wird. Dabei ist Säure so wichtig wie das Salz in der Suppe. De Obba wiederholte stets den altbekannten Satz: »Sauer macht lustig«. Nicht ohne süffisant darauf hinzuweisen, dass es ganz früher hieß: »Sauer macht gelüstig«. Also her mit der lustvollen Säure …

Die sauren Früchte

Die sauren Früchte sind ein wesentlicher Bestandteil unseres traditionellen Apfel-Wein-Handwerks. Die erstaunliche Vielfalt ihrer Verarbeitungswege zählt zu den regionalen Besonderheiten der Apfelweinregionen rund um den Main.
Bis heute belegt die Nutzung der jeweiligen sauren Frucht auch die landschaftliche Verwurzelung mancher Kelterei. Beispielsweise finden in der Wetterau noch immer Quitten ihren Weg in den Schoppen. Im östlichen Frankfurt prägen hingegen häufig Mispeln den Geschmack dieses Getränks. Vom Lohrberg bis über den Berger-Bischofsheimer Hang treffen wir bis heute auf ein beachtliches Ausbreitungsgebiet dieser Baumsträucher.
Damit erklärt sich, weshalb historische Dokumente niemals von »Quitten-Apfelwein« oder »Mispel-Apfelwein« berichten. Und doch war es eben jener jeweils typische Apfelweingeschmack, den die Apfelweinfreunde von »ihrer« Kelterei oder in einem bestimmten Landstrich erwarteten.

Und damit war der Apfelwein weit weg vom einheitlichen »Hessen-Geschmack«. Zum Glück gibt es sie endlich wieder – die Freude auf die nächste Apfelwein-Überraschung ...

Nach dem Zweiten Weltkrieg gerieten die »sauren Früchte« fast in Vergessenheit. Mittlerweile erleben sie eine regelrechte Renaissance im Kelterhandwerk und tragen erneut bei zur faszinierenden Geschmacksvielfalt der Weine aus dem Apfel.
Dieser Blick in die Historie belegt, dass die vielen unterschiedlichen Geschmacksrichtungen beim Apfelwein eben keine Erfindung der letzten Jahre sind.
Die sauren Früchte fanden Verwendung ähnlich dem »Salz in der Suppe«. Bei aller Eigentümlichkeit strebten die Keltermeister immer nach einem »bembelfähigen Schoppen«. Eine Einsicht, die allerdings keinesfalls der Kreativität des Kelterhandwerks

Schranken setzen sollte. Wer weiß, welche fantastischen Erlebnisse um die Weine von der Obstwiese noch auf uns warten – genug innovative Apfel-Wein-Macher gibt es ja glücklicherweise. Die bis heute bedeutsamsten aller sauren Kelterfrüchte sind die Speierlinge. Obwohl in aller Munde, sind sie trotzdem noch weitgehend unbekannt. Und weil der Speierling die Kelterfrucht ist, um die sich die meisten Mythen, Lügen und Unwahrheiten ranken, beginnen wir selbstverständlich mit dieser.

Speierling (Sorbus domestica)

Im Volksmund wird der Speierling aufgrund der vorkommenden Fruchtformen meist als »Speierlingapfel« oder »Speierlingbirne« bezeichnet. In Wirklichkeit zählt der Speierling weder zu den Äpfeln noch zu den Birnen, sondern zur Familie der Sorbus. Somit erkennen wir in dieser Baumfrucht eine Ebereschenart, nahe verwandt den Ebereschenbäumen, die wir von Straßenbegrenzungen und Waldrändern kennen. Die größte Anzahl an tragenden Speierlingbäumen befindet sich auf den Maintaler Streuobstwiesen, ein besonders eindrucksvolles Exemplar könnt ihr in der Wetterau bei Ockstadt bewundern.
Die Familienzusammengehörigkeit beider Fruchtarten erkennen wir an den typisch gezackten Blättern sowie dem doldenförmigen Wuchs, der alle Sorbus-Früchte auszeichnet. Speierlingbäume erreichen eine Höhe von mehr als zwanzig Metern bei einem Durchmesser von über zwölf Metern. Eindrucksvolle Gewächse, die uns mit einem Alter von 150 bis 200 Jahren als wahrhafte Naturdenkmäler beeindrucken.
Das Speierlingholz gilt als das Einzige, das Stein spalten kann. Noch vor zwei Jahrhunderten bauten Schreiner aus diesem edlen Holz feinste Möbel, vorzugsweise für den betuchten europäischen Hochadel.
»Die Verwendbarkeit der Speierlingfrüchte ist seit über 2000 Jahren bekannt und hat sicher entscheidend dazu beigetragen,

dass der Speierling in vielen botanischen und medizinischen Büchern erwähnt wird«, erfahren wir in dem Buch »Der Speierling« von Kausch-Blecken. Seinen Weg zum Apfelwein fand der Speierling über die Traubenweinbereitung. Seit frühesten Zeiten nutzen die Weinbauern vieler Regionen dessen klärende Wirkung. Beispielsweise verwendeten die Winzer im Rheingau nachweislich den Speierling noch bis über den Zweiten Weltkrieg hinaus.
Im Laufe des 18. bis weit hinein ins 19. Jahrhundert verdrängten Obstbäume auf vielen unwirtschaftlich gewordenen Lagen den Wein. Einhergehend löste dort der Apfelwein den Traubenwein ab. Die weinhandwerkliche Tradition der Speierlingverarbeitung hingegen übernahmen die Keltermeister. Das weinige Ergebnis dieses Handwerks war offensichtlich höchst beeindruckend. Denn einzig »Speierling« konnte sich als Markenbegriff durchsetzen und bis heute im Sprachgebrauch der Schoppengenießer erhalten. Eine Anerkennung, die »Mispel Apfelwein«, »Schlehen Apfelwein« und anderen erst in jüngster Zeit zuteil wurde.
Die noch bis zum Ersten Weltkrieg hochgeschätzte Apfelweinsorte »Borsdorfer Apfelwein« dagegen ist beispielsweise völlig in Vergessenheit geraten. Weder ist bekannt, ob dieser Markenname nach dem Ort Borsendorf oder der Apfelsorte gleichen Namens benannt wurde. Es war aber stets die teuerste und daher vermutlich beste Sorte.
In den letzten Jahren erfuhr die Nachfrage nach Speierlingfrüchten glücklicherweise einen Aufschwung. Daher gilt auch hier die Ernteregel: Erst fragen, dann auf die Wiese. Nach Erntemöglichkeiten erkundigt ihr euch am besten bei den örtlichen Obst- und Gartenbauvereinen oder im Internet.

Eberesche (Sorbus aucuparia)

Viele Menschen glauben, die Ebereschen seien giftig. Ein Irrtum, der daher rührt, dass alle Eltern ihren Kindern vorsichtshalber

allzeit alle roten, appetitlich aussehenden »Vogelbeeren« verboten haben. Denn rote Beeren, die für Leib und Leben gefährlich werden können, gibt es tatsächlich einige in Wald und Wiese. Die Unterscheidung zwischen den Beerensorten fällt mittlerweile sogar den Erwachsenen schwer.
Die Ebereschen empfahlen Lebensmittelkundler zu früheren Zeiten aufgrund ihres hohen Vitamin-C-Gehalts als »Zitrone des Nordens«. Häufig wurden sie zu leckeren Brotaufstrichen verarbeitet. Bedeutend war und ist ihr Wert für Edelbrennereien, Destillate aus der Eberesche erzielen höchste Preise. In vorchristlicher Zeit nutzten die Weinmacher Griechenlands die Früchte als Zusatz für ihre Traubenweine. Ein Handwerk, das über die folgenden Jahrhunderte in manchen Weinbauregionen fortgesetzt wurde. Kaum verwunderlich, gehört doch die Eberesche gemeinsam mit dem Speierling der Familie der Sorbus an. Noch heute finden wir Ebereschenbäume an vielen Wegesrändern.

Quitte (Cydonis oblonga)

Das Urteil, ob sich die Quitte als Zusatz bei der Apfelweinbereitung eignet, teilt Kelterer und Apfelweinfreunde in zwei unversöhnliche Lager. Nicht wenige erklären sie zu ihrer Lieblingsfrucht. Manch anderer kann hingegen mit ihrem intensiv-aromatischen Geschmack ganz und gar nichts anfangen.
Zur Freude aller Quittenliebhaber befindet sich diese Frucht seit einigen Jahren enorm im Aufwind. Brotaufstriche, Edelbrände, sogar reine Quittensäfte und -weine finden zunehmend begeisterte Verbraucher. Auf dem Quittenlehrpfad im fränkischen Astheim könnt ihr mehr über diese wundervolle Frucht erfahren (www.quittenlehrpfad.de).
In Deutschland wachsen etwa 20 verschiedene Quittensorten, die je nach Fruchtform als Apfelquitten oder Birnenquitten bezeichnet werden. Da ihre für den Apfelwein wichtigen Inhalts-

stoffe weitgehend identisch sind, spielen diese Unterschiede für unsere Zwecke keine Rolle. Allerdings eignen sich Apfelquitten aufgrund ihrer Form und apfelähnlichen Größe für das Keltern besser. Birnenquitten verstopfen rasch die Obstmühle, vor dem Mahlen müssen diese Früchte daher zerkleinert werden.

Mispel (Mespelius germanica)

Kaum zu glauben, dass Fachleute der Mispel im südlichen Deutschland sowie in Frankreich weite Verbreitung nachsagen. Schließlich kennen nur wenige diesen in Wuchs, Blüte und Fruchtbehang so faszinierenden Baumstrauch. Ihre südeuropäische Verwandte (Nespole) wird bis heute vorzugsweise in Griechenland und Spanien zur Bereitung von Süßspeisen und Likören genutzt. Seit einigen Jahren findet diese »Nespole« – in Calvados serviert – weite Verbreitung in der Gastronomie. Unsere »deutsche Mispel« wurde in vielen Rezepten alter Heilkundebücher empfohlen. Deshalb wächst der Baumstrauch bis heute in manchen Kloster- und Kräutergärten. Ein großes Verbreitungsgebiet befindet sich auf den Maintaler Streuobstwiesen zwischen dem Frankfurter Lohrberg, Bad Vilbel und Maintal-Bischofsheim. Über den Frankfurter Teil dieses Obstwiesenareals führt ein gut beschilderter Lehrpfad, der euch auch den Weg zu Mispeln weist.

Schlehe (Prunus spinosa)

Der Schlehe, auch als Schlehdorn oder Schwarzdorn bekannt, schrieb der Volksglaube schon sehr früh magische Wirkung zu. Über Schlehdornzweige rieselt das Wasser in den Salinen zur Salzgewinnung.

Die Schlehenfrüchte finden seit Langem Verwendung bei der Herstellung von Brotaufstrich und Spirituosen. Für diese Weiterverarbeitung müssen die Beeren über den ersten Frost an den

Sträuchern verbleiben. Die Minusgrade sorgen für den Abbau von Gerbstoffen und Säuren, der für solche Veredelungszwecke notwendig ist. Dieser Effekt stellt sich jedoch nicht ein, wenn die Früchte in einer Kühltruhe eingefroren werden. Bis heute begrenzen die dornenreichen Schlehenhecken manche Obstwiese und verhindern so den direkten Zugang zu dem Grundstück.

Mostbirne

Von den oben aufgeführten Kelterfrüchten unterscheidet sich die Mostbirne augenfällig.
Zum einen wurde sie in den hessischen Apfelweinregionen nicht angepflanzt; hier bevorzugten die Wiesenbesitzer die für die Weinbereitung nicht geeigneten Essbirnen. So beginnt das Verbreitungsgebiet der Mostbirne erst in den südlichsten Ortschaften unseres Bundeslands. Interessanterweise löst bereits ab dort der Begriff »Most« die Bezeichnung »Apfelwein« in der Umgangssprache ab.
Zum anderen findet die Mostbirne nicht nur als »Keltergewürz« in kleiner Menge Verwendung. Die Beimischung von Mostbirnen beim Keltern liegt in Württemberg und Baden selten unter 10 Prozent. Je weiter wir nach Süden gelangen, desto größer wird ihr Anteil am Kelterobst. In Österreich verliert der Apfel vielerorts gar seine dominante Stellung, oftmals liegt seine Zugabenmenge unter einem Drittel. Mancherorts bieten die »Mostereien« für gewöhnlich sogar reine »Birnenmoste« an. Die damit einhergehende geschmackliche Veränderung verwandelte denn auch auffällig den Apfelwein zum Most.

Wenn auch die reinen Apfelweine selbst in Österreich als die edelsten beschrieben werden. Es geht eben doch nichts über den Apfel ...

Die Sauberkeit

Sauberkeit vom Mahlen der Früchte bis zum Zapfen des Apfelweins ist eine unabdingbare Voraussetzung für ein erfolgreiches Weinhandwerk. Das war schon immer so. Aber mehrere Entwicklungen haben dazu beigetragen, dass es schwerer geworden ist, einen stabilen Apfelwein herzustellen und dass deshalb das Gebot der Sauberkeit immer mehr an Bedeutung gewonnen hat:

- Die Zahl der säurereichen Apfelsorten, die für die Stabilität des Apfelweins sorgen, ist stark zurückgegangen.
- Die alten Erdkeller, die eine optimale Temperatur und Luftfeuchtigkeit begünstigen, gibt es kaum noch. Meist lagert der Apfelwein zu warm und zu trocken, nicht selten stehen die Fässer im Heizungskeller.
- Temperaturschwankungen, die eine Vermehrung von Bakterien fördern, können sich in einem gut gepflegten Holzfass nicht sofort im Fassinhalt fortsetzen. Das traditionelle Holzfass hat jedoch ausgedient. Da Plastik- oder auch Edelstahlfässer diese temperaturausgleichende Eigenschaft nicht besitzen, müssen wir sie mit erhöhter Sauberkeit, also zusätzlicher Keimreduzierung, ausgleichen.
- Die Anforderungen an einen »guten Apfelwein« haben sich gewandelt. Der Apfelwein galt als der »Hausschoppen« der Familie. Auch wenn er mal nicht gut geschmeckt hat, wurde das Fass bis zum letzten Tropfen geleert. Heute dagegen soll auch der hausgemachte Schoppen mindestens den Qualitätsanforderungen an Markenprodukte aus dem Supermarkt entsprechen.

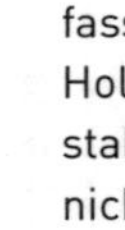

Wenn die Kumpels schon komme mit einem Kasten Bier auf den Schultern, weil sie Angst haben, der geht in den Keller und holt wieder von dem Zeug: spätestens dann ist es an der Zeit, dass ihr an eurem Handwerk etwas ändert ...

Längst scheinen die Zeiten vorbei zu sein, in denen Sauberkeit bei der Apfelweinherstellung nur wenig Beachtung fand. Von den Kleinkeltereien bis hin zu den Selbstkelterern setzte sich die Einsicht durch, dass ohne stetes Putzen kein guter Schoppen reift.

Oftmals hieß es, nicht nur faule Äpfel, sondern auch Schmutz gehörten zum Keltern dazu. Nein, es soll ja doch ein »sauberes Stöffche« sein ...

Trotzdem halte ich es für zwingend, die immense Bedeutung der Sauberkeit nochmals zu verdeutlichen. Die Sensibilität der Apfelweine für äußere Einflüsse zeigt sich uns am Beispiel der Schlehenzugabe: Bereits eine Kinderhand voller Schlehenfrüchte sorgt für eine völlige geschmackliche Wandlung von 100 Litern Apfelwein. Obwohl dem Apfelwein der Ruf als rustikales Getränk vorauseilt, scheint ihm im Vergleich zum Traubenwein die Robustheit zu fehlen. So weist er einen deutlich geringeren Alkoholgehalt auf. »Standard-Apfelweine« liegen mit 5,5 Prozent Alkohol bei nur etwa der Hälfte des Alkoholgehalts von Traubenweinen.

Damit erklärt sich eine der bemerkenswertesten Eigenschaften des Apfelweins: Wir kennen ihn als gesellig-fröhliches Getränk, das man ohne Reue über den ganzen Abend genießt. Allerdings hat der Apfelwein einen höheren Alkoholgehalt als Bier (ausgenommen Starkbiere), was viele verblüfft. Vor einiger Zeit hat sogar einer behauptet, Apfelwein hätte gar keinen Alkohol. Der hat dann aber geguckt ...

Alkohol dient jedoch als Geschmacks- und Aromaträger und trägt wesentlich zur Stabilität bei. Von der weinhandwerklichen Seite betrachtet, bedeutet der geringe Alkoholgehalt einen Nachteil.

Die niedrige Gesamtsäure beeinträchtigt ebenso die Haltbarkeit des Apfelweins. Darüber hinaus erweist sich seine Säurestruktur als anfällig. Denn Apfelweine besitzen überwiegend Apfelsäure, die Bakterien in Milchsäure umwandeln können. Traubenweine dagegen bringen Weinsäure mit. Diese kann von den Milchsäurebakterien nicht angegriffen werden, weshalb Traubenweine stabiler sind. Kelterer erleben dieses Phänomen oftmals im Frühjahr, wenn aus dem Fass zur Apfelblütenzeit erneut Kohlensäure entweicht, ein Vorgang, der, nicht ganz zutreffend, als **»zweite Gärung«** bezeichnet wird → S. 76 f.

Wohl deshalb wird unter Fachleuten die gewerbliche Herstellung der Apfelweine gegenüber der Produktion von Bier oder Traubenwein als die anspruchsvollste erachtet. Eigenheiten, denen wir mit fortwährender Beachtung der wesentlichen weinhandwerklichen Grundregeln Rechnung tragen. Sauberkeit ist folglich der unerlässliche Beitrag eines jeden Weinmachers zum Gelingen seiner kostbaren Tropfen.

Der häufig vorgebrachte Einwand, »bei mir ist alles sauber«, geht hingegen am Verständnis der Problematik völlig vorbei. Kein Keltermeister kann absolut keimfrei arbeiten – auch nicht im gewerblichen Bereich. Im täglichen Umgang mit den Weinen bleibt es stetes Bestreben, Keime ständig durch Reinigung zu reduzieren, um damit die Infektionsrisiken zu minimieren.

Warmes Wasser und eine Bürste alleine erfüllen diesen Zweck nicht. Zum Einsatz kommen die von Fachfirmen → S. 104 f. angebotenen Spezialreinigungsmittel für die Weinbereitung. Weder Haushaltsreiniger, Desinfektionsmittel noch Schwefel zählen hierzu. Gewerbliche Keltereien wechseln sogar ihre Reinigungsmittel – Bakterien und Keime sind in der Lage, über die Jahre Nischen zu erobern und zu besetzen.

Nach der anstrengenden Kellerarbeit ruft unüberhörbar der Bembel – doch die Reinigung muss zwingend nach jedem Arbeitsgang erfolgen. Vor allem Kleinteile unterliegen penibler und damit arbeitsaufwendiger Pflege. Nicht selten führen unscheinbare Keimherde zum Verderb eines Apfelweins. Hier ist detektivischer Eifer gefragt. Achtet beispielsweise stets auf Zapfhähne, Stopfen und dergleichen. Völlig sinnlos ist oberflächlicher Glanz – alle Gerätschaften werden so weit als möglich auseinander gebaut, damit sämtliche Kleinteile über Nacht in einem Laugebad liegen. Je nach chemischer Zusammensetzung können Reinigungsmittel risikolos erwärmt werden. Die höhere Temperatur verstärkt die Reinigungswirkung – befolgt aber unbedingt die Gebrauchsvorschrift des Herstellers.

Im Anschluss an die Laugenreinigung werden alle Fässer und Gerätschaften mit Wasser klargespült. Achtet darauf, dass nirgends Laugenreste zurückbleiben.

Lasst alle Keltergeräte, Behälter und sonstigen Kleinteile trocknen, bevor ihr diese einlagert. Denn Wasserreste bieten Keimherden Gelegenheit zur Entwicklung.

Bevor die Ausrüstung erneut zum Einsatz kommt, seht ihr diese sorgsam durch. Unabhängig davon, ob die letzte Reinigung vor zwei Jahren oder in der vorherigen Woche stattgefunden hat: stellt ihr Verschmutzungen fest, dann reinigt ihr von Neuem wie oben beschrieben. Auf jeden Fall sind alle Teile vor der nächsten Verwendung mit Wasser frischzumachen.

Habt ihr das alles beachtet, könnt ihr sicher sein, dass im Schoppen nur drin ist, was hineingehört.

Also, wer keltert, der putzt auch gerne. Oder andersherum? Vielleicht sucht ihr euch ja einen Kelterpartner, dem das Putzen ganz große Freude bereitet ...

Das Keltern

Nun wird es arbeitsintensiv und spannend – die augenscheinliche Wandlung von der festen Baumfrucht zum flüssigen Obst beginnt.

Die Anschaffung der benötigten Keltergeräte ist selbst auf dem Gebrauchtmarkt recht teuer und sollte gut überlegt sein. Auch Betrieb und Wartung sind arbeits- und kostenintensiv. Wollt ihr mit dem Selbstkeltern beginnen, empfehle ich euch, bei einer der örtlichen Keltergruppen mitzutun, wie sie beispielsweise bei manchem Obst- und Gartenbauverein existiert. Das Wissen, das ihr dort erlangt, wird euch bei der Auswahl eigener Keltergeräte nützlich sein. Und außerdem macht es viel mehr Spaß, gemeinsam zu keltern.

Seit einigen Jahren bieten mobile Lohnkeltereien → S. 102 ihre Dienste an. Das Leistungsprofil – bis hin zur Safteinlagerung ist vieles möglich – ist je nach Anbieter unterschiedlich. Auf jeden Fall eröffnet dieser Weg jedem Obstbaumbesitzer die einfache und kostengünstige Möglichkeit zur Verflüssigung seiner Ernte.

Eure Kelteräpfel liegen bereit, also gleich ab damit in die Apfelmühle? Nein, denn zuerst sortiert ihr die faulen Früchte aus. Keinesfalls dürfen Verkeimungen oder Pilzbefall in den Saft gelangen. Bereits wenige Keime können große Mengen an Saft infizieren.

Bevor ihr die Äpfel in den Waschtrog schüttet, sollen diese frei von sichtbaren Verschmutzungen sein. Dreckstücke, Blattwerk und Gras gehören nicht mit hinein. Rasch verschmutzt das Waschwasser – und mit schmutzigem Wasser kann nicht gereinigt werden. Daher unbedingt regelmäßig das Waschwasser kontrollieren. Unabhängig davon achtet ihr darauf, dass möglichst kein Wasser in die Mühle gelangt.

Ja, keinesfalls darf Wasser in den Saft. Wenn auch im Land der Schwaben die Zugabe von zehn Prozent Wasser zum Most erlaubt ist – bei unserem hessischen Apfelwein gilt das als Sakrileg …

Der **Zerkleinerung der Äpfel** kommt eine große Bedeutung zu, denn für eine pressfähige Apfelmaische benötigen wir technisch anspruchsvolle Geräte und einen hohen Energieaufwand.

Die alte Art des Traubenweinkelterns hilft uns da nicht weiter. Früchte in einen Bottich und dann mit den Füßen drauf herumlaufen – probier das mal mit Äpfeln aus …

Für das **Mahlen** der Äpfel könnt ihr zwischen den verschiedensten Mühlen auswählen → S. 105 f. Von handbetrieben mit historischem Flair bis zum Hochleistungshäcksler bietet eine Vielzahl von Händlern Geräte unterschiedlichster Preislagen an. Falls ihr eure Keltergeräte zum Schaukeltern einsetzen wollt, achtet auf die Lautstärke der Mühle. Berücksichtigt bei eurer Wahl auch das geplante Keltervolumen pro Keltertag. Zehn Tonnen im Handbetrieb zu mahlen, ist eher eine Strafarbeit. Überdimensioniert sollte schon aus Kostengründen die Mühle trotzdem nicht sein. Mit einer übertrieben leistungsstarken Mühle riskiert ihr zudem unnötig lange Standzeiten der Maische. Dies kann Qualität und Quantität der Ausbeute beeinträchtigen sowie das Infektionsrisiko erhöhen. Achtet unbedingt darauf, dass eure Maische die optimale Körnungsgröße – etwa zentimetergroße Stücke – hat. Meist können die Mühlen für unterschiedliche Früchte eingesetzt werden, und daher müsst ihr sie vor Inbetriebnahme entsprechend einstellen. Werden unsere Äpfel zu Mus verarbeitet, kann der Saft nicht abfließen. Schon beim Zerkleinern legt ihr die Grundlagen für ein gutes Keltererergebnis. Beachtet unbedingt die Warnhinweise des Herstellers. Vor allem die leitende Wirkung des Wassers ist bei dem feuchten Umfeld ein großes Risiko.

Kleiner Kelterexkurs: Identifikationsgetränk Apfelwein

Viel hat sich geändert, seit unser Großvater den Bembel von seinem eigenen Fass gefüllt hat.
Noch vor zwei Generationen haben die Familien den größten Teil dessen, was auf den Esstisch kam, selbst produziert und veredelt. Nicht nur im ländlichen Raum schlachteten und ernteten die Menschen eigenhändig, was sie in der Küche benötigten. Ob es um Hausschlachtung oder Gemüsegarten geht – den überwiegenden Teil der Kenntnisse und Fertigkeiten um die Herstellung von Nahrungsmitteln haben wir mittlerweile verloren. Eine Folge auch der beiden Weltkriege, aufgrund derer die Weitergabe vieler handwerklicher Traditionen ein Ende fand.

Die Reste heimischer Lebensmittelbereitung verloren sich schließlich zwischen Fast Food und Mikrowellenherd. Heute wird ja nicht mehr gekocht, sondern nur noch heißgemacht ...

In unseren Tagen ist der Apfelwein das einzige Lebensmittel, das Menschen in nennenswerter Menge innerhalb der eigenen vier Wände herstellen. Manchem mag dies wie ein Relikt aus der Vergangenheit anmuten. Ich sehe hingegen diese außergewöhnliche Stellung des Apfelweins als seine Chance, zum Identifikationsgetränk unserer Region zu reifen. Jeder, der sich mit Freude und Sachverstand dem Apfelwein nähert, leistet einen wertvollen Beitrag zur Wertschätzung unserer Heimat. Insbesondere die der Herstellung regionaler Köstlichkeiten verpflichteten Keltermeister dürfen sich angesprochen fühlen.

Jedoch genügt es nicht, uns einzig auf die alten Kelterweisheiten zu stützen. Obwohl die Apfel-Wein-Macher vor hundert Jahren nicht jeden ihrer Kelterschritte wissenschaftlich erklären konnten, geht aus den Überlieferungen hervor, dass vielerorts fantastisches Weinhandwerk geübt wurde – mit Ergebnissen, die dem Traubenwein ebenbürtig galten. Folge der in der täglichen Arbeit über Jahrhunderte weitergereichten und weiterentwickelten Kenntnisse. Doch nach zwei Weltkriegen waren sie nicht mehr da, die Keltermeister, die in der Verbindung zwischen Natur und Handwerk stets die besten Entscheidungen zum rechten Zeitpunkt trafen. Kaum vorstellbar, welches Wissen bei uns verlorengegangen sein mag. Man denke nur daran, dass bis heute namhafte Cidrerien der Normandie verschiedene weinhandwerkliche Arbeiten nach den Mondphasen ausrichten. Beim Weinhandwerk geht es nicht nur um Fakten, Formeln und Anleitungen. Das Wesentliche der praktischen Wissensweitergabe im Alltag war stets die Mitgabe des Gefühls für ein Handwerk. Dieser Gedanke gab mir den ausschlaggebenden Impuls, das vorliegende Buch nicht zwischen wissenschaftlichem Werk und Ikea-Bauanleitung, sondern als Apfel-Wein-Lese-Buch zu schreiben.

Gemäß der hessischen Keltertradition wird die Apfelmaische unverzüglich ausgepresst. Damit vermindert ihr das Infektionsrisiko.
Für alle **Presssysteme** gilt, dass durch langsamen und vorsichtigen Druckaufbau die beste Saftqualität und die optimale Ausbeute erreicht werden. Der letzte Liter ist nie der hochwertigste und schon gar nicht der günstigste.
Unterschiedlichste Anbieter sorgen mittlerweile für eine große Auswahl verschiedenster Presssysteme. Für den Kleinstbedarf bewähren sich **Korbpressen** und **Wasserdruckpresse**n. Neben der hohen Ausbeute und der guten Saftqualität ist der vergleichsweise geringe Arbeits- und Energieaufwand beachtenswert.
Gerne eingesetzt wird die **Packpresse**, die noch bis in die Achtzigerjahre in fast jeder hessischen Kelterei Verwendung fand. Trotz der hohen Anschaffungskosten und der Notwendigkeit, über einiges Fachwissen zu verfügen – einen Maschinenschlosser dabei zu haben, ist hier stets von Vorteil –, nutzen sogar einige Vereine Packpressen. Mit dieser Presse ist auch die Verarbeitung größerer Keltervolumen – bis fünfzehn Tonnen pro Tag – bei überschaubarem Aufwand machbar. Aufgrund einer vernünftigen Ökobilanz und des auch für den Laien klar nachvollziehbaren Arbeitsablaufs ist sie auch für das Schaukeltern bestens geeignet.
Bei allen oben genannten Pressen soll der Saft nie »herausschießen«. Setzt der Saftfluss ein, unterbrecht ihr die Druckerhöhung und erhöht den Druck erst wieder, sobald die herausfließende Saftmenge deutlich abnimmt.
Einen festen Platz selbst in kleineren Keltereien hat sich mittlerweile die **Bandpresse** erobert. Für dieses Presssystem spricht der äußerst geringe Arbeitsaufwand, die Flexibilität in der Durchsatzmenge sowie – bei optimaler Einstellung – die gute Saftqualität. Diese »kontinuierlichen« Pressen müssen allerdings ständig mit Maische »gefüttert« werden, wodurch ebenso pausenlos Saft und Trester anfallen. Die Menge an Wasser und Abwasser kann abhängig von der Obstqualität recht hoch wer-

den. Der vergleichsweise hohe Feststoffanteil des Safts, der sich in Form von Trubstoffen am Boden des Behälters absetzt, gilt als ein Nachteil. Eine Vorklärung des Safts ist unbedingt empfehlenswert.
Auf die jeweilige Obstqualität sensibel einstellen lassen sich die sogenannten **»nichtkontinuierlichen« Pressen** wie beispielsweise Bucher Multipress. Die in den Pressen verwendeten Drainageelemente sorgen zwar für einen erhöhten Reinigungsaufwand. Der geringe Druck erzeugt jedoch eine sehr gute Saftqualität.

Jetzt habt ihr euer Glas gut mit eurem frisch gekelterten Saft gefüllt. Wahrhaft ein einzigartiger Genuss – und doch stehen uns die wirklich großen Geschmackserfahrungen noch bevor. Denn nach kurzer Zeit erleben wir, wie aus süßem Saft ein apfeliger Wein reift.

Das Kelterhandwerk der sauren Früchte

Für die Verwendung der bis heute häufig genutzten Kelterfrüchte möchte ich deren unterschiedliche Verarbeitungswege beschreiben. Ein Wein besteht nicht allein aus der Summe seiner Einzelteile. Ähnlich der Zubereitung von Speisen resultiert das Ergebnis im Wesentlichen aus der Art und Weise der Verarbeitung.

Methode A »Über-die-Maische«

Mit geringstem Mehraufwand könnt ihr eure sauren Früchte direkt während des Kelterns beim Mahlen der Äpfel zugeben. Achtet beim Einbringen der Früchte auf eine gleichmäßige Verteilung, die einen optimalen Austausch an Geschmacks- und Aromastoffen ermöglicht. Außerdem gilt es, eine Klumpenbildung in der Maische zu verhindern, denn eine solche würde die Ausbeute verringern. Mit steigender Standzeit erhöht sich der Geschmacks- und Aromaübertrag der jeweils zugegebenen

Frucht. Doch zugleich geht ihr das Risiko einer höheren Infektionsgefahr ein.

Methode B »Über-die-Frucht«

Bei dieser Methode gebt ihr die Früchte dem gärenden Wein zu. Sobald sich der Wein in der Gärung befindet, verhindert die emporsteigende Gärkohlensäure das Versinken der Früchte in die Hefe. Vor der Zugabe sind die Früchte zu sortieren, von Stengeln und Blättern zu befreien, mehrfach gründlich zu waschen sowie erforderlichenfalls zu zerteilen.

Methode C »Über-den-Saft«

Der garantiert aufwendigste Kelterweg beginnt mit der gesonderten Entsaftung der jeweiligen Früchte. Beschwerlich sind jedoch nicht alleine die zusätzlichen Keltertage. Die Konsistenz der Früchte (hier insbesondere der Speierlinge) beschert euch einen wesentlich höheren Arbeitsaufwand. Schließlich müsst ihr für die Stabilität des Safts – beispielsweise mit Hilfe von Schwefel oder Kühlung – sorgen. Die Saftzugabe erfolgt nach dem Gärbeginn und vor dem Ende der stürmischen Gärung. Vorsicht während der Beimischung – Gerbsäure, Feststoffgehalt und Fruchtsüße bewirken einen enormen Gärschub. In den Behältern müsst ihr daher über zehn Prozent des Gesamtvolumens als Gärraum freilassen. Damit verhindert ihr das Übergären des Weins mit all seinen negativen Folgen. Die aufsteigende Gärkohlensäure durchmischt den zugegebenen Saft mit dem werdenden Wein und sorgt somit für deren optimale Vermählung. Damit unterbindet ihr den Abbau wichtiger Fruchtsäuren, der mit dem Gärbeginn einhergeht.

Der beschriebene Aufwand erscheint manchem unverhältnismäßig. Der ausgereifte Schoppen hingegen rechtfertigt jeden einzelnen Arbeitsschritt:

- Ihr benötigt eine deutlich geringere Zugabemenge, welche (vor allem beim Speierling) die Kosten enorm senkt.

- Klärung und Reifung des Weins verlaufen optimal.
- Haltet ihr alle Regeln der Sauberkeit ein, verbessert ihr die Stabilität eurer Apfelweine enorm.
- Der ausgereifte Schoppen zeigt sich stets weinig-harmonisch, begeistert durch Klarheit, kräftige Farbe sowie facettenreichen Geschmack.

Weine aus Äpfeln, die manchem »Apfelpuristen« zu wenig fruchttypisch erscheinen mögen – die aber zeigen, was unsere heimischen Obstwiesen so alles draufhaben ...

Betrachtet die folgenden Anleitungen als Anregung, aber keinesfalls als der Weisheit letzten Schluss.

Speierling

Gemäß den aktuellen Verordnungen dürfen Apfelweinetiketten den Namenszusatz »Speierling« tragen, selbst wenn diese Früchte bei der Herstellung keine Rolle spielen. Nach den Richtlinien darf der Konsument eine dem »normalen« Apfelwein gegenüber höhere Qualität erwarten. Das traditionelle Weinhandwerk um den Speierling findet allerdings keine Beachtung. Ein über Jahre teilweise erbittert geführter Streit, ob denn dieser wertgebende Begriff auch ohne die Verwendung der Früchte genutzt werden darf. Mittlerweile setzt ein Großteil der Verbraucher den Markennamen nur noch mit einem »herberen« Apfelwein gleich.
In den vergangenen Jahren etablierte sich demgegenüber die Auslobung »Echter Speierling Apfelwein«. Diese Beschreibung garantiert die Verwendung von Speierlingen bei der Herstellung des jeweiligen Apfelweins. Ein festgelegter weinhandwerklicher Ablauf ist damit jedoch ebenso wenig verbunden, wie eine Mindestmenge an Zugabe.
Es erscheint allerdings fraglich, ob es sinnvoll ist, eine verbind-

liche Definition für »Echten« Speierling anzustreben. Denn festgeschriebene Verordnungen behindern kreatives Weinhandwerk um den Speierling, statt dieses zu fördern. So erfahren wir aus der historischen Literatur beispielsweise, dass in alten Zeiten bis zu 30 Prozent Speierlingsaft dem Apfelwein zugegeben wurden. Oder dass mancher Keltermeister die Maische des Speierlings (ungepresst) während der Gärung in die Fässer füllte.
Wollt ihr erste Erfahrungen mit dem Weinhandwerk um den Speierling sammeln, könnt ihr als Einstieg mit Methode A – »Über-die-Maische« arbeiten. Achtet beim Mahlen auf eine gute Durchmischung der Maische, denn Speierlingmaische verklebt aufgrund ihres hohen Zuckergehalts rasch. Sobald sich Maischeklumpen gebildet haben, führen diese zur Verringerung der Ausbeute sowie zu Behinderungen des Arbeitsablaufs. Die Früchte sollten vorab extra gewaschen werden, denn sie sind schwerer als Äpfel, sinken daher im Waschtrog zu Boden. Mit einer Zugabe von drei bis fünf Kilogramm auf 100 Kilogramm Äpfel zeigt der ausgereifte Schoppen ein spannendes Spiel zwischen weinigem Gerbstoff und fruchtigem Apfel.

Meist verbleibt eine leichte Trübung. So ein fruchttypischer »Echter Speierling Apfelwein« erleichtert dem »Apfelweingeschworenen« den Zugang zum weinigen Speierling. Außerdem ist sich ein apfelfruchtiger Speierling als »Sauergespritzter« nicht zu schade ...

Methode B – »Über-die-Frucht« – spielt kaum eine Rolle für die Verarbeitung von Speierlingen. Zum einen bietet dieser Kelterweg keine wesentlichen Vorteile gegenüber den Methoden A und C. Zum anderen finden sich zum Zeitpunkt der möglichen Zugabe nur noch wenige taugliche Früchte auf den Bäumen.
Als faszinierendste Art der alt-hessischen Apfelweinbereitung darf ganz sicher die Speierling-Apfelwein-Herstellung Methode C »Über-den-Saft« gelten.

Und jetzt kann ich euch nur warnen: Diese Arbeit ist alles andere als angenehm, sondern schweißtreibend, nass, klebend und äußerst körperbetont. Ihr fragt euch sehr bald, welcher Dabbes euch auf so einen Blödsinn gehoben hat. Des geht nur, wenn einem des Zeuch selber auch schmeckt. Allerdings: Wer diese Prüfung mal mit Erfolg bestanden hat, der weiß wirklich, wie's geht ...

Die Speierlinge erntet ihr während deren Vorreife, also Ende August bis Anfang September (folglich vor Beginn der Apfelernte). Zu diesem Zeitpunkt sind alle wichtigen Inhaltsstoffe in den Früchten im Höchstmaß vorhanden. Durch die Entsaftung können wir die für uns wertgebenden Bestandteile konservieren. Bereits die Ernte der festhängenden Speierlinge von den sehr großen Bäumen ist mit viel Arbeit und einigem Risiko verbunden. Egal ob ihr pflückt oder mit langen Stangen die Früchte von den Ästen schlagt, die Obstwiese solltet ihr vorab auf jeden Fall mähen.

Nach der Ernte müsst ihr die Speierlinge möglichst am Folgetag entsaften, denn ihr hoher Fruchtzuckergehalt lockt rasch Insekten aller Art an. Vor dem Keltern sind die Fruchtstiele zu entfernen, faule Früchte auszusortieren und die Speierlinge zu waschen.

Den frisch gekelterten Speierlingsaft füllt ihr umgehend in einen Behälter und verschließt diesen mit Deckel und zur Sicherheit mit Gärröhrchen → S. 67, 104. Optimal liegt seine Lagertemperatur zwischen fünf und neun Grad Celsius, denn seine Angärung soll auf jeden Fall verhindert werden. Stabil bleibt euer Saft ab einem Wert von 20 Milligramm pro Liter freier schwefliger Säure. Gegebenenfalls füllt ihr fehlenden Schwefel auf. Aufgrund der relativ geringen Zugabemenge an Speierlingsaft kann dieser Gehalt dem späteren Apfelwein keine Beeinträchtigung zufügen. Details hierzu findet ihr im Kapitel Analyse → S. 90.

Bereits der eben beschriebene Aufwand macht deutlich, dass wir die früh gekelterten, naturbedingt leichten Apfelsäfte zu die-

sem Zweck nicht heranziehen. Für unseren »Echten Speierling Apfelwein« verwenden wir hochwertigen Süßen mit ausgereiftem Säure/Zuckerverhältnis, wie er im Oktober von der Presse fließt.
Die einprozentige Zugabe gilt als Untergrenze, denn erst ab diesem Anteil reift das typische Geschmacksbild des Speierlings im Apfelwein. Interessanterweise lässt er sich dann sogar mit modernen Analysemethoden im ausgereiften Wein nachweisen. Ab einer Zugabe über 2,5 Prozent dominiert der Speierling zumeist den Apfel, was von »Apfelweingeschworenen« als unharmonisch und untypisch abgelehnt wird. So hat sich in den vergangenen Jahren ein Anteil von 1,5 bis 2 Prozent eingebürgert. Bei dieser Zugabemenge bewerten auch »Apfelwein-Ungeübte« den »Echten Speierling« als hochklassig.
Direkt nach Zugabe des Speierlingsafts wirkt dessen klärender Effekt. Vereinfacht erklärt binden sich die kleinen Trubteile und sinken zum Boden. Keine Sorge, eine Gärunterbrechung ist nicht zu befürchten. Belasst diesen Apfelwein nicht überlange, keinesfalls länger als Februar, im Gärfass. Eine lange Hefereifung überdeckt rasch das feine und doch vielschichtige Geschmackserlebnis.
Als Einziger unter den Apfelweinen bildet der so gekelterte »Echte Speierling« eine sich über die ganze Oberfläche ausbreitende »Speierlingdecke«. Dieses etwa zehn Zentimeter dicke, kuchenartige Gebilde zerfällt, sobald ihr versucht, es zu entfernen. Da dies zur Nachtrübung des Weins führt, müsst ihr die Flüssigkeit sehr langsam entnehmen. Übrig bleibt nicht nur sehr viel mehr Feststoff im Behälter – die Inhaltsstoffe des Speierlings verursachen darüber hinaus äußerst schwer zu reinigende Verschmutzungen.
Das Reinigen der Behälter ist eine wahre Schinderei. Doch am Ende belohnt euch der »Echte Speierling Apfelwein«: »Zweifellos ist der Speierlingapfelwein die Krone aller Obstweine! Glanzklar von goldiger Farbe, funkelt er im Glase«, wie schon

1913 der bekannte Pomologe Richard Zorn in der Deutschen Obst- und Gartenbauzeitung schwärmte. Dabei begeistert sein weinig-harmonischer Gesamteindruck in Verbindung mit dem typisch fein-trockenen Nachhall jeden Weingenießer.

Und genau wegen des »trockenen« Nachhalls gilt der »Echte Speierling Apfelwein« als Favorit vieler Apfelweinliebhaber – es ist eben der einzige Schoppen, bei dem man Durst vom Trinken bekommt ...

Eberesche

Die Methode A »Über-die-Maische« gilt für die Ebereschen als wenig geeignet, denn auf diesem Weg lösen sich nur wenige Aromen und Inhaltsstoffe. Aufgrund der geringen Saftausbeute eignet sich ebenso wenig die Saftbereitung aus den Beeren.
Somit bevorzugen wir die Methode B – »Über-die-Frucht«. Hierzu pflückt ihr die Ebereschen im Laufe der Keltersaison. Anders als für die Spirituosenbereitung muss die Ernte vor dem ersten Nachtfrost erfolgen, damit die Fülle der Säuren und Gerbstoffe erhalten bleibt. Zudem sind die gehaltvollen Früchte bei den heimischen Vögeln sehr beliebt. Und die laben sich an den besten Beeren zuerst.
Zum Keltern verwendet ihr die Ebereschen ähnlich sparsam wie ein Gewürz zum Kochen. Für ein 100-Liter-Fass reicht die Menge, die in eine Kinderhand passt, völlig aus.
Trotz dieser geringen Menge zeigt der Ebereschen-Apfelwein seinen typisch würzigen bis fast ins »gewürzig« gehenden Geschmack.

Ob die gelegentlich beschriebenen »animalischen« Geschmacksnuancen zutreffen, das lassen wir hier einfach mal weg. Ganz sicher aber bevorzuge ich diesen Schoppen als »Neuen Hellen«. Und als »Haaßer Äppelwoi« ist er absolut unschlagbar ...

Quitte

Methode C »Über-den-Saft« können Kleinkeltereien vernachlässigen, denn der enorme Aufwand der Quittensaftherstellung wird nicht mit einer Qualitätssteigerung des Quitten-Apfelweins belohnt. Vielfach nutzen die Keltermeister die Methode B »Über-die-Frucht«. Achtet in diesem Fall darauf, die feinen Härchen von der Fruchtschale zu entfernen. Deren Inhaltsstoffe – vor allem ätherische Öle – können dem Wein unangenehm bittere Geschmackstöne geben. Die reifen und gesunden Früchte schneidet ihr anschließend auf und gebt diese in kleiner Menge dem werdenden Wein zu. Die geschmackliche Veränderung erlebt ihr bereits nach wenigen Quittenstücken. Den so gemachten Wein solltet ihr nach längstens sechs Wochen von der Hefe nehmen → S. 73, damit die ausgelaugten Quittenstücke keinen unangenehmen Geschmack in den reifenden Wein abgeben.

Effizient in Bezug auf Arbeitsaufwand und Menge der benötigten Früchte ist die Methode A »Über-die-Maische«. Achtet wieder auf die gute Durchmischung der Maische, und lasst die Gesamtmenge an Quitten-Apfel-Maische über eine Stunde ziehen. Dann genügt bereits eine gewichtsmäßige Quittenzugabe von zwei Prozent.

Bei einem Anteil von über vier Prozent konkurriert das Quittenaroma meist mit dem Apfelgeschmack. Es entsteht ein spannendes Geschmacksspiel, welches jedoch häufig als unharmonisch bemängelt wird. Die Bezeichnung Quitten»Apfel«Wein verdienen solche Getränke jedenfalls kaum mehr. Daher ist es ratsam, euch mit kleinen Schritten »eurem« Quitten-Apfelwein-Geschmack zu nähern.

Hausmacher Worscht, Haspel, Handkäs – wer dazu nicht den Quitten-Apfelwein zu lieben lernt, dem ist wirklich nicht mehr zu helfen …

Einen perfekt ausbalancierten Quitten-Apfelwein erlebt ihr mild-fruchtig mit ausgeprägter und doch fein eingebundener, quittenaromatischer Note. Eine Kombination, die ihn zum Genuss zu kräftigen Speisen prädestiniert. Denn trotz seines süffigen Gesamteindrucks besteht er dank des Quittenaromas bestens gegenüber Fetten und Gewürzen.

Mispel

Die Saftbereitung aus der Mispel (Methode C »Über-den-Saft«) ist ebenso aufwendig und ineffektiv wie bei der Quittenverarbeitung. Auch die Methode B »Über-die-Frucht« kann ich nicht uneingeschränkt empfehlen. Denn die Feinheit der Aromen dieser wundervollen Frucht kann sich über diesen Kelterweg erfahrungsgemäß nicht entfalten. Solltet ihr es trotzdem versuchen wollen, entfernt vor dem Zerteilen alle Blattstückchen von den Früchten.
Als optimal hat sich Methode A »Über-die-Maische« bewährt. Der gewichtsmäßige Anteil an Mispeln darf vier Prozent übersteigen, selbst mit einer Zugabe von acht Prozent reift noch immer ein erkennbarer und nicht nur bei Spezialisten beliebter Apfelwein. Denn trotz seiner besonderen Mispelnote und seines wundervoll fein-nussigen Nachhalls bewahrt der Mispelschoppen stets den Charakter eines »richtigen« Apfelweins.
Doch nicht nur sein vorzüglicher Geschmack zeichnet ihn aus, wie kaum ein anderer Apfelwein eignet sich dieser zum Erstellen einer **Cuvée** → S. 75. Vor allem zum Auffüllen der Fässer nach dem Abzug von der Hefe empfiehlt sich ein Mispel-Apfelwein bestens.

Der Mispel-Schoppen ist so eine richtige »mehrheitsfähige« Spezialität. Also: Mit dem im Keller macht ihr nix verkehrt ...

Schlehe

Ebenso wie die Ebereschen werden Schlehen gerne für die Herstellung von Marmeladen und Spirituosen verwendet. Und auch die zum Keltern bestimmte Schlehe soll vor der Ernte keine Frostnacht am Strauch verbringen.
Für die Apfelweinherstellung wollen wir alle Inhaltsstoffe der Schlehen erhalten. Deshalb ernten Keltermeister diese zwischen Ende September und Mitte Oktober. Die Anforderungen bei der Verarbeitung gleichen denen an die Ebereschen: gut reinigen und zügig dem werdenden Apfelwein in ebenso geringer Menge zugeben (Methode B »Über-die-Frucht«).
Aus denselben Gründen wie dort beschrieben, finden die beiden anderen Kelterwege hier kaum Verwendung.
Schlehen-Apfelwein begeistert mit einer frisch-fruchtigen Note sowie einem deutlich gerbstoffigen und doch feinen Geschmack auf der vorderen Zungenpartie. Dieser durstlöschend anmutende Eindruck verleiht ihm die Eigenschaft als bevorzugter Sommerschoppen.

Aber keine Sorge, die durstlöschende Wirkung ist von nur beruhigend kurzer Dauer ...

Kelterexkurs: Das Konzentrat

Gespräche über unser hessisches Nationalgetränk werden spätestens dann hochemotional, fällt der Begriff »Apfelweinkonzentrat«. Die dringend notwendige Aufklärung beginnt damit, dass es lediglich »Apfelsaftkonzentrat« gibt. Sobald dieses Konzentrat mit Wasser rehydriert wird, kann es wie frischgekelterter Saft zu Apfelwein vergoren werden.

Das Verfahren, über Thermik (Hitze oder Kälte) dem Saft Wasser zu entziehen, wird seit den 50er Jahren erfolgreich angewendet. Die Konzentratherstellung gilt als schonender Verfahrensweg, dem wir es zu verdanken haben, dass über das ganze Jahr zu günstigen Preisen Säfte aller Fruchtarten in den Regalen der Märkte angeboten werden. Außerdem können große Ernten – wie wir sie auch manches Mal in Hessen erleben – nur aufgrund des geringeren Platzbedarfs des Konzentrats gegenüber Direktsaft verarbeitet werden. Schließlich half die Nutzung des Konzentrats den Keltereien, den seit den 60er Jahren vorherrschenden Konsumentenwunsch nach einem gleichförmigen und günstigen Schoppen zu befriedigen.

Allerdings resultieren hieraus manche Nachteile. Denn die aus aller Welt kommenden und damit ständig verfügbaren Apfelsaftkonzentrate sind äußerst billig. Frisch gekelterter Saft von Äpfeln aus heimischen Obstwiesen ist diesem gegenüber nicht konkurrenzfähig. Dies führte dazu, das über lange Jahre dringend benötigte Preiserhöhungen für Kelterobst nicht durchgesetzt werden konnten. Eine fehlende Wertschöpfung, der die anfangs kritisierte geringe Wertschätzung folgte. Zudem kann ein der Idee eines regionalen Produkts folgender Apfelwein nur mit Transparenz und Authentizität Erfolg haben. Dazu gehört eben auch der komplette Apfel aus den heimischen Obstwiesen, dessen Wasseranteil über Wurzeln, Stamm, Äste und Verästelungen filtriert wurde.

Ich sehe dabei keinen Widerspruch, beide Saftarten bieten eine Ergänzung, die dem Apfelwein weitere Möglichkeiten eröffnen kann. Dafür muss jedoch eine ehrliche Position gegenüber dem Verbraucher vertreten werden – und diese Ehrlichkeit beginnt mit dem Apfelweinetikett. So ist es seit Langem Pflicht, einen aus Konzentrat stammenden Apfelsaft kenntlich zu machen. Der Apfelweinliebhaber sollte bewusst entscheiden können, aus welchem Saft sein Schoppen vergoren wurde.

... zum Wein

Wein oder nicht Wein?

An dieser Stelle warne ich euch vor dem Weiterlesen, denn jetzt gelangen wir zur anstößigen Buchhälfte. Zeigen doch die folgenden Seiten ihn in bestem Licht: den »Teufel Alkohol« – den wir ja als maßgebenden Bestandteil eines jeden Weins kennen. Zur Bekämpfung dieser und weiterer Suchtmittel werden allseits außerordentliche Anstrengungen unternommen. Damit eröffnet sich ein unendliches Feld, scheint es doch, als benutzten wir Menschen so ziemlich alles zur Entfaltung unseres Suchtverhaltens: Essen, Fernsehen, Sex, Autofahren, Sport, Arbeit, Spiel, Medikamente, Weltanschauungen ... Diese Aufzählung könnt ihr nach persönlichen Vorlieben und Erfahrungen fortsetzen.
Sollten wir nun völlig abstinent leben, um jeglicher Suchtgefährdung zu entgehen? Oder ist dies der falsche Ansatz, weil vielmehr jede und jeder von uns fähig ist, nahezu alles als Droge zu missbrauchen?
Im bewussten, wertschätzenden Genuss unserer Heimat mit allen Sinnen dagegen finden wir einen der Wege zum freudvollen Umgang mit der Fülle, die uns das Leben schenkt. Apfelwein in seiner Vielfalt eröffnet uns auf diesem Weg mannigfaltige Erlebnisfelder.

Frei zitiert eine Lebensweisheit von Stoltze, die ihr nicht alleine für den Gebrauch von Apfelwein beherzigen mögt: »Trink auf keinen Fall weniger Apfelwein, als wie du Durst hast, aber auf keinen Fall mehr, als dass du hinternach noch viel mehr hättest trinken können.«

Eine vor allem von Weinlobbyisten gefürchtete Feststellung rückt diesen Teil des Buchs in den Ruch des Verbotenen: die eindeutige Kennzeichnung des Apfelweins als Wein. Was auf den ersten Blick völlig plausibel klingt, ist Ausdruck eines lange währenden Streits, über den ihr in meinem Buch »Apfelwein in Geschichten und Anekdoten« auf den Seiten 21 und 22 mehr erfahrt. Denn der Begriff »Wein« wird von der Traubenweinlobby seit Jahrhunderten eifersüchtig gehütet. Ein Alleinvertretungsanspruch, für dessen Durchsetzung selbst die Brüsseler EU-Kommission in Aktion trat. Im Rahmen der Reform des Weinmarktrechts sah deren 2007 vorgelegter Gesetzesentwurf vor, nur noch aus Trauben vergorenen Getränken das Recht auf die Bezeichnung »Wein« einzuräumen.

Da erinner ich mich noch gut dran. Wir Hessen waren zum Widerstand bereit, scharenweise gingen wir in den Untergrund. Also jeden Abend in den Apfelweinkeller. Dort wurden Pläne geschmiedet, Hessen aus der Bundesrepublik herauszulösen. Wir sahen unser Bundesland schon als 27. Kanton der Schweiz. Endlich hätte für die Eintracht der Gewinn einer nationalen Meisterschaft wieder in Reichweite gelegen ...

Eine Bedrohung, deren Ernsthaftigkeit jeder erkennt, der sich die einschneidende weinrechtliche Entscheidung des Bundesverwaltungsgerichts Berlin 1972 vergegenwärtigt.

Nach dessen Urteil durfte der bis dahin gebräuchliche Begriff »Apfel-Sekt« nicht mehr verwendet werden – der Wortbestandteil »Sekt« ist seither ausschließlich Traubenschaumweinen vorbehalten.

Nach heftigen Protesten blieb aber letztlich der Name »Apfelwein« erhalten – fürs Erste zumindest. Denn die Abwendung des Apfel-»Wein«-Verbots besteht weiterhin bloß als »Ausnahmeregelung« zu den bestehenden Verordnungen. Der Begriff »Wein« darf außerhalb der Traubenweinbeschreibung nur strikt reglementiert verwendet werden.

Unabhängig von der Meinung der Bürokraten zählt der Apfelwein selbstverständlich in jeder Hinsicht als Wein: historisch, biochemisch, technisch und nicht zuletzt in den Erwartungen der Verbraucher.

Trotzdem – oder gerade deshalb – sollten wir alles daran setzen, Apfelwein nicht als ein dem »Traubenwein ähnliches« Getränk zu verstehen, herzustellen und zu vermarkten. Wer will schon etwas »Ähnliches« – nur die Besonderheit, die Eigentümlichkeit unseres »Nationalgetränks« kann langfristig seine Nachfrage sichern.
Die unverkennbare Emotion, die Weine aus Äpfeln gegenüber solchen aus Trauben auszeichnet, erkennen wir bereits aus der Herkunft der jeweiligen »Rohware«.
Sind Weinberge streng strukturierte und reglementierte Areale, plantagenartige Monokulturen, so erleben wir auf unseren Obstwiesen das artenreichste Biotop nördlich der Alpen.
In den Weinbergen dürfen nur zu ganz bestimmten Zeiten ganz bestimmte Menschen ganz bestimmte Tätigkeiten ausüben. Hingegen pflegen, pflanzen und ernten unzählige Grundstücksbesitzer auf ihren »Baumstücken« im Zusammenspiel mit der Natur nach ihren ganz eigenen Vorstellungen.
Wird die Traubenweinherstellung nur wenigen anerkannten Fachleuten überlassen, zählt die Apfelweinherstellung zum Alltagserlebnis vieler.
Traubenweingenießer richten ihr Augenmerk auf ein – hoffentlich – perfektes Endprodukt. Apfelweinliebhaber hingegen erwarten jede Stufe im Werden ihres Schoppens als Teil seiner genussvollen Entwicklung. Jede Veränderung auf der Obstwiese zeigt ihre Auswirkung im Apfelweinfass, und mit jeder geschmacklichen Nuance unseres Apfelweins können wir einen klimatischen Wandel auf der Obstwiese erschmecken.

Anarchistisch, unvorhersehbar, basisdemokratisch und sympathisch chaotisch – genauso lieben wir unsern Schoppen. Und allabendlich freut sich der Selbstkelterer, wenn er mit seinem Literbembel in den Keller geht, um zu schauen, »wie schmeckt er denn heut'« ...

Merkmale, die nicht selten von Traubenweinbegeisterten als Indiz für die angebliche Minderwertigkeit von Wein aus Äpfeln verkannt werden. Doch im Gegenteil – dies sind Stärken, die wir in unserem apfeligen Weinhandwerk unbedingt erhalten und entwickeln wollen.

Jetzt geht's los!

Einen leichten Einstieg in euer erstes Apfelweinerlebnis ebnet euch bereits ein handliches 20- oder 30-Liter-Fässchen. Ob gebraucht oder fabrikneu erworben, das finanzielle Risiko bleibt überschaubar, denn für gepflegte Behälter dieser Größe finden sich stets Abnehmer. Der ausgewählte Lagerplatz eines »Apfelwein-Erlebnis-Fasses« soll windgeschützt und frostfrei sein, ansonsten muss dieser Stellplatz keinen weiteren Anforderungen genügen. Lasst euch das Fass in der Kelterei eures Vertrauens randvoll füllen. Sobald sich die Ankunft des frisch gekelterten **»Süßen«** herumgesprochen hat, wird sich in kürzester Zeit die Familie zum Probieren einfinden. Circa zehn Prozent des leckeren Safts können wegprobiert werden, damit der werdende Wein seinen benötigten freien Gärraum bekommt. Über die Probenzeit sowie die nun folgende Gärung muss der Behälter mit dem Gärröhrchen → S. 67, 104 verschlossen sein. Auf Zugaben jedweder Art könnt ihr bei eurem »Probelauf« verzichten, ein gesunder, frischer Saft startet bei Temperaturen über fünfzehn Grad Celsius von alleine in die von uns gewünschte Gärung. Nun erschmeckt ihr über die nächsten Tage und Wochen das Werden und Reifen des Getränks vom süßen Saft zum herben Wein.

Keltertipp:

Stellt euer Fass etwas nach hinten geneigt auf. Die zu Boden sinkende Hefe kann sich dann nicht an das Zapfhähnchen setzen. Die Probenentnahme – über den unten sitzenden Zapfhahn – kann so ohne Überführung von Gärhefe vonstatten gehen. Auch der Abzug von der Hefe vereinfacht sich bei dieser Position.

Nachdem ihr mit eurem ersten Fass einen großartigen Einstand gefeiert habt, kann es im nächsten Jahr ein Stück professioneller zugehen. Damit verbunden sind höhere Anforderungen an euer

Fasslager. Denn mit der Apfelblütenzeit würde die zunehmende Wärme bei spürbaren Temperaturschwankungen in kurzer Zeit zum Abbau des Weins führen. Eine konstant niedrige Raumtemperatur → S. 86 trägt wesentlich zur Haltbarkeit eures Schoppens bei. Wollt ihr mehrere Monate euren eigenen, genussfähigen Apfelwein zapfen, muss daher der ausgewählte Lagerplatz im Winter die Wärme und im Sommer die Kühle halten. Räume, in denen auch Lebensmittel oder gar geruchsintensive Stoffe wie Farben und Lacke untergebracht sind, kommen keinesfalls in Betracht – euer Apfelwein würde rasch Fremdgeschmack annehmen. Im besten Fall stehen im ausgewählten Raum ausschließlich eure Apfelweinfässer. Wände, Decke und Boden sollen rückstandslos und einfach zu reinigen sein, damit ihr umgehend alle Keimherde beseitigen könnt. Die Bodenreinigung erleichtert ihr euch, wenn ihr die Behälter auf ein Podest stellt.

Keltertipp:

Hat sich erstmal eine Infektion eingenistet, ist deren Beseitigung höchst aufwendig. Regelmäßige Sorgfalt dagegen ist leicht, kostengünstig und qualitätssichernd.

Kann der von euch ausgewählte Raum belüftet werden und besitzt er Wasser- und Abwasseranschluss, seid ihr für die nächsten Handwerksschritte gerüstet. Ausdrücklich möchte ich darauf hinweisen, dass diese Voraussetzungen nur für Selbstkelterer ausreichen – für die gewerbliche Lebensmittelherstellung sind die zu erfüllenden Vorbedingungen ungleich höher.

Und aus Eigenbedarf kann schnell ebbes mehr werden – die Botschaft von einem guten Schoppen verbreitet sich bekanntermaßen in Windeseile. Und plötzlich überraschen euch in eurem Schoppenkeller ganz viele durstige Freunde, von denen ihr manch einen erst eben kennenlernt. Naja, guude Schoppe zieht die Leut' ...

Nun zu den **Behältern**, die ihr für die Vergärung genauso wie zur späteren Lagerung eures Apfelweins nutzt. Und weil es um euren »Göttertroppe« geht, müssen folgende Mindestanforderungen erfüllt sein:

- Lebensmitteleignung
- Vertretbarer Einkaufspreis
- Einfache Reinigung
- Leichte Handhabung
- Hohe Betriebssicherheit

Die arbeitsaufwendigen **Holzfässer** gehören trotz mancher Vorzüge – von gesonderten Einzelfällen abgesehen – bei der Apfelweinbereitung der Vergangenheit an. Ein wichtiger Grund hierfür liegt im Fehlen an Fachwissen um die Holzfasspflege, denn der Beruf des Holz- und Weinküfers zählt zu den aussterbenden. Darüber hinaus ist der Anteil der gerbstoffreichen Kelteräpfel (beispielsweise Trierer Weinapfel), deren Saft für die Gärung im Holzfass geeignet ist, in unserem gemischten Apfelberg zu gering. Schließlich reifen in Holzfässern schwere, oxidative Weine, die beim heutigen Verbraucher nur wenig Gefallen finden.
Glasballons zeigen den Apfelwein im wahrsten Sinn des Wortes »von seiner besten Seite«. Ein großartiges Erlebnis, Gärung und Reifung eines Weins anschaulich zu erleben. Aber: selbst mit optimalen Reinigungsgerätschaften ist es enorm schwierig, die Ballons sauber zu bekommen. Aufgrund der großen Bruchanfälligkeit und der damit verbundenen Verletzungsgefahr ist Glas für unser Einsatzgebiet somit allenfalls eingeschränkt empfehlenswert.
In der Getränkeindustrie konnte **Edelstahl** in den vergangenen Jahrzehnten praktisch alle anderen Materialien, die mit Lebensmitteln in Berührung kommen, verdrängen. Denn Edelstahl lässt sich optimal reinigen, es ist völlig geschmacksneutral und lässt keine äußeren Geschmacks- oder Aromastoffe in das Getränk. Allerdings erreicht auch dieses Material nur bei steter Pflege

eine lange Nutzungsdauer. Aufgrund des hohen Materialpreises mag sich der Einsatz von Edelstahltanks für private Kleinkelterer kaum rechnen. Aber wenn es perfekt werden soll, führt kein Weg an dieser Investition vorbei.
Weiteste Verbreitung unter den Selbstkelterern finden völlig zurecht **Plastikbehälter**. Achtet unbedingt darauf, dass diese für die Lebensmittelbereitung geeignet sind. Günstiger Einkaufspreis, hohe Lebensdauer bei vernünftigem Reinigungsaufwand sowie hohe Betriebssicherheit zählen zu ihren hervorragenden Vorteilen. Je nach Ausführung sind leichte Handhabung und zweckmäßige Reinigung gewährleistet. Bei größeren Volumina verfügen sie neben dem standardmäßigen Restablauf auch über einen extra Klarablauf zum Zapfen. Aufgrund der genannten Vorzüge werden in der Folge stets Plastikbehälter beschrieben, Ausnahmen sind kenntlich gemacht.

Diese großen, blauen Tonnen, die irgendein Kumpel nahe seiner Arbeitsstelle »gefunden« hat, sind damit keinesfalls gemeint ...

Eine allseits bekannte Küchenweisheit lässt sich auf unsere Apfelweinbereitung übertragen: Je mehr Suppe im Topf, desto besser schmeckt sie. Zwar verrichten die Gärhefen selbst in kleinsten Behältnissen ihre Aufgaben, wirklich guten Wein erzielen wir jedoch mit Fassgrößen ab 60 Litern. Eine Erfahrung, die euch alle hessischen Küchen- und Keltermeister bestätigen können. Rückenschonend ist es, den Saft in kleinen Behältern von der Kelter zum Gärfass zu transportieren. Hierfür nutzt ihr beispielsweise 10- bis 20-Liter-Zapffässer, die ihr später zur Lagerung und zum Ausschank erneut verwenden könnt.

Ob ihr den Saft selbst gekeltert oder von der Kelterei eures Vertrauens bezogen habt – jetzt beginnt es, euer großes Apfel-Wein-Abenteuer ...

Kelterexkurs: Mischgetränke und was es sonst noch alles gibt

Nach Jahrzehnten der rationellen Reproduktion eines Einheitsgeschmacks erlebt das Kelterhandwerk nun schier grenzenlose Vielfalt. Galt vor Jahren bei Keltermeistern und Apfelweingenießern schon das Mischen des Apfelweins mit Wasser als Todsünde armer, verwirrter Seelen, können wir nunmehr die verwegensten Kombinationen als trinkfertiges Markenprodukt erwerben. Ob gemischt mit Holundersaft, Cola, Traubenwein oder Traubensekt, Bier, Grapefruitsaft – der Experimentierfreude scheinen alle Tore geöffnet.

Manchen Apfelweinpuristen stürzen solche »apfelweinfremden« Entwicklungen in tiefe Glaubenskrisen. Tatsächlich büßen viele dieser innovativen Getränke alles Charakteristische ein, was wir an unserem Schoppen so sehr lieben. Und doch finden einige dieser Apfelgetränke ihre Abnehmer. Lasst uns daher zugeben, dass sie damit für Bewegung in der Szene sorgen und vielleicht sogar dem traditionellen Apfelwein Zugang zu neuen Freunden ermöglichen.

Wird der Apfelwein gar als Grundlage für Mischgetränke wie Cocktails oder Alcopops gänzlich unterschätzt? Liegt hierin eine mögliche, wenn auch aus meiner heutigen Sicht kaum vorstellbare Perspektive für unser Nationalgetränk?

Das Einzige, was für mich geht, ist ein Schuss Apfelsaft zum Apfelwein. Da müssen wir doch gar nicht drüber reden! Ich für mich sag nur: Nicht mit mir! Weil ich bleib ihm treu, meinem Bembel. Und da passt nur reiner Apfelwein hinein – und sonst gar nichts …

Fast überall in Hessen bringen die Keltermeister den frisch gekelterten Saft durch die Zugabe von **Reinzuchthefen** → S. 84 direkt zum Gären. Damit erhöht sich die Gärsicherheit des werdenden Weins. Denn im frischen Saft tummelt sich eine Vielzahl von Lebewesen, die – gebt ihr ihnen genug Zeit zur Vermehrung – den Gärverlauf und folglich die Qualität des späteren Endproduktes beeinträchtigen können.
Widrigkeiten, die in der gewerbsmäßen Apfelweinherstellung so gut wie keine Bedeutung mehr haben. Denn alle Mikroorganismen, die der Apfel mitbringt, werden vor Gärbeginn beispielsweise über den Einsatz von Temperatur (Hitze bei der Konzentratherstellung oder Kälte bei der sogenannten Kaltvergärung) abgetötet.

Kelterexkurs: Vorklärung des Safts in der Normandie

Anders wird in der Normandie verfahren. Denn dort ruht bei der traditionellen Cidrebereitung der Saft üblicherweise bis zu 24 Stunden in einem Vorlaufbehälter, bevor er in das Gärfass gefüllt wird. In dieser Zeitspanne setzt sich der grobe Hefetrub des Safts am Boden ab. Anschließend wird nur der trubstoffarme Saft in die Gärung geleitet. Die Verringerung der Trub- und Hefemenge trägt wesentlich zu einem feineren, »schlankeren« Wein bei. Auch daher finden wir diesen Zwischenschritt häufig bei der Traubenweinbereitung, vornehmlich in Frankreich.

Wollt ihr mit dem normannischen Kelterweg experimentieren, achtet darauf, nichts von der abgesetzten Hefe in das nächste Fass zu überführen. Da die Hefe zu diesem Zeitpunkt noch sehr flüssig ist, werdet ihr auch bei vorsichtigem Umfüllen einiges an Verlust haben. Eine Schwefelzugabe von circa fünf Gramm auf 100 Liter zur Stabilisierung ist unbedingt zu empfehlen.

Folgt ihr dem hiesigen Kelterweg, gebt ihr die **Gärhefe** bereits während der Befüllung eures Gärfasses hinzu. Weitere Zugaben werden in diesem Moment nicht benötigt. Wie ihr schon wisst, belasst ihr zwischen zehn und fünfzehn Prozent Gärraum im Fass, damit der sich entwickelnde Gärschaum nicht herausgärt. Je höher der Zuckergehalt und die Angärtemperatur eures Safts, desto mehr Platz müsst ihr für den Gärschaum freilassen. Falls ihr vorhabt, während der Gärung Speierlingsaft → S. 47 f. zuzugeben, ist das damit verbundene »Aufbrausen« des Safts einzukalkulieren.

Lasst euch nicht beirren, wenn manch einer euch anrät, euer Fass randvoll befüllen zu müssen, weil es unabdingbar sei, dass durch die Gärung der Dreck rausgären könnte. Wenn kein Dreck hineingekeltert wurde, kann doch auch keiner rauskommen! Doch bei aller Vorsicht und längster Erfahrung – dass mal ein Fass übergärt, davor ist kein Keltermeister gefeit. Oder wie der altehrwürdige Cidrier Père Jules vor einigen Jahren feststellte: In diesem Beruf bleiben wir ein Leben lang Lehrling …

Sobald ihr mit dem Befüllen eures Fasses fertig seid, verschließt ihr es mit dem dazugehörigen Deckel. Anschließend setzt ihr auf die obere, zur Entlüftung gedachte Öffnung einen **Gäraufsatz**. Der Gäraufsatz schützt den Wein, stellt dabei gleichzeitig sicher, dass die Gärkohlensäure entweichen kann. Ein fester Verschluss würde einen Druckaufbau verursachen, welcher den Behälter deformiert oder sogar beschädigt. Dieser Gäraufsatz erfordert stete Pflege: Das einzufüllende Pufferwasser muss regelmäßig erneuert werden und auftretende Verschmutzungen müssen entfernt werden. Schon geringste Reste angetrockneten Gärschaums führen zu Verkeimungen und damit zu Weinschädigungen.

Nun, jetzt endlich beginnt, worauf wir alle warten. Oder, um mit Goethe zu sprechen: Der Most, der gärend sich vom Schaum geläutert, er wird zum Trank, der Geist und Sinn erheitert …

Es beginnt die Zeit der intensiven Gärdüfte und der wundervollen Weinwerdung. Und weil es in den Apfelweinkellern blubbert und rauscht, nennen wir diesen Weinzustand in Hessen **»Rauscher«.** Die Gärung ist ein nie in allen Einzelteilen wiederholbarer Vorgang, kein Gärungsablauf ist reproduzierbar. Ein buntes, nur in Ansätzen wissenschaftlich erforschtes Treiben schenkt uns stets Überraschungen. Selbst wenn ihr euren in verschiedene Gärbehälter eingefüllten Saft am selben Tag vom gleichen Apfelberg gekeltert habt und alle Fässer im selben Zeitraum befüllt und identisch begleitet: Kein Schoppen schmeckt gleich dem anderen.

Noch vor Jahren galt das mir unverständliche Urteil: Wo es immer gleich schmeckt, da beherrschen Fachleute ihr Handwerk. Schmeckt es mal so und mal so, da können die doch keine Ahnung haben von dem, was die da machen. Doch heute erkennen wir, dass handwerkliche Produkte aus der Natur niemals identisch sein können, nicht bei Brot, nicht bei Wurst, nicht bei Käse und schon gar nicht bei unserm Schoppen. Oder? …

Temperaturbedingte **Gärstörungen** können die vielfältigen Gärabläufe negativ beeinflussen, dadurch dem Wein Schäden zufügen, die ihn bis zum Verderb führen. Richtet keinesfalls eine Wärmequelle (etwa Heizstrahler) direkt auf eure gärenden Apfelweine. Ein solches »Hitzedoping« droht ebenfalls Gärstörungen hervorzurufen. Die Hefen erzeugen über ihre Gäraktivitäten bereits die Wärme, die sie für eine vollständige Umsetzung des Zuckers brauchen. Sinkt die Raumtemperatur eures Kellers unter acht Grad Celsius, bevor die Gärung beendet ist, reicht es völlig aus, euren Gärbehälter mit einer alten Decke zu umhüllen.

Somit sind die Hefen geschützt, denn die Gärungswärme kann nicht vollends entweichen. Die isolierende Wirkung des Holzes gehört zu den unschätzbaren Vorteilen dieses Materials gegenüber Plastik, Glas oder Edelstahl.

Noch über die Mitte des letzten Jahrhunderts hinaus gab es im Taunus Keltermeister, die auf uralten Holzpressen die Äpfel kelterten. Denn, so deren Credo: Apfelwein dürfe ausschließlich mit Holz in Berührung kommen. Naja, ich denke, Gerippte aus Glas und Bembel aus Steinzeug haben auch die verwendet ...

Keltertipp:

Gärt euer Wein trotz aller Bemühungen nicht an oder bleibt gar während der Gärung »stehen«, dann entnehmt zwischen 10 und 15 Prozent des Fassinhalts. Diesen erwärmt ihr (handwarm) und setzt ihn mit etwa der 1,5fachen der auf der Packungsbeilage empfohlenen Menge Gärhefe an (berechnet auf den Gesamtinhalt des Gärfasses). Sobald die Gärung beginnt, schüttet ihr den entnommenen Saft in den Gärbehälter zurück. In einem solchen Fall ist die Zugabe von zehn Gramm Schwefel auf 100 Liter unerlässlich.

Unsinnig ist das Schütteln der Fässer oder das Aufrühren der Hefe. Der werdende Wein dankt uns eine störungsfreie Gärung. Hier wird nicht geschüttelt noch geshaked, sondern der Wein in Ruhe seiner Reifung überlassen ...

Auch die allzu verständliche Neugier auf die geschmacklichen Erlebnisse, die uns die verschiedenen Apfelweine bieten, sollte euch keinesfalls dazu verleiten, ständig an allen Fässern herumzuprobieren. Damit stört ihr unweigerlich den Gärverlauf und folglich Qualität und Haltbarkeit des Endprodukts. Trotzdem müsst ihr durch regelmäßige Proben das Stadium der Gärung eurer Weine feststellen. Hierfür genügen kleine Mengen.

Durch das **Probieren** könnt ihr bei Gärunterbrechungen direkt eingreifen. Zum anderen erkennt ihr den besten Zeitpunkt für eine mögliche Zugabe saurer Früchte → S. 45 ff.
Mit der Beendigung der Gärung wird kein freier Raum mehr benötigt, ihr könnt nun eure Fässer auffüllen. Dieses **Auffüllen der Gärfässer** gehört zu den wesentlichen, wenn auch häufig vernachlässigten Schritten der Apfelweinbereitung. Die im Gärraum befindliche schützende **Gärkohlensäure** bindet sich rasch wieder mit dem Wein, und der nun eintretende Sauerstoff kann beispielsweise die Vermehrung von Essigbakterien begünstigen. Zu diesem Zeitpunkt muss natürlich ein **zweites Fass** bereitstehen, dessen Inhalt ihr verwenden könnt. Mit einem Fass kommt man also keinesfalls hin.

Keltertipp:

Entnehmt nie Wein aus einem Fass, um dieses anschließend erneut aufzufüllen – ein angebrochenes Fass wird immer vollends geleert. Daher niemals Reste in den Behältern belassen, sondern Restmengen in kleinere Gefäße umfüllen.

Aufgrund des Klimawandels und der Dezimierung der späten Kelteräpfel endet die Keltersaison – von regionalen oder sortenbedingten Sonderfällen abgesehen – mit der letzten Oktoberwoche.

Anders in den Höhenlagen der Rhön oder des Vogelsbergs. Böse Zungen behaupten, dass dort in manchen Lagen die Sommer so kühl sind, dass die Äpfel vor November erst gar nicht reif werden ...

Bis der November beginnt, sollen die Gärbehälter aufgefüllt sein. Mit dem Auffüllen der Fässer verdrängen wir den nun direkt auf dem Wein liegenden Sauerstoff. Über die Auswahl des jeweiligen Auffüllweins besteht die spannende Möglichkeit, die geschmackliche Richtung eures Schoppens zu beeinflussen → S. 75.

Bereits vor dem Auffüllen trefft ihr die Entscheidung, welche der Apfelweine zur Lagerung über die kommende Apfelblütenzeit hinaus vorgesehen sind. Diesen gebt ihr mindestens fünf Gramm **Schwefel** auf 100 Liter hinzu → S. 90. Apfelweine, die in den nächsten Wochen ausgetrunken werden, benötigen keine weitere Schwefelgabe.

Je weniger vom am Fassboden sitzenden **Hefedepot** in das Lagerfass überführt wird, desto vorteilhafter ist das für die Stabilität des Lagerapfelweins. Restmengen können nochmals in einem kleineren Gefäß Trubstoffe absetzen, und anschließend kann der trubfreie Überstand sinnvoll genutzt werden.

Am besten eine Glaskaraffe befüllen und in den Kühlschrank stellen. Die Klärung setzt flott ein, und ihr könnt jeden Tropfen eures köstlichen Ergebnisses genießen. Eine zwingende Vorplanung, ohne die ihr euch unversehens in einer Zeit der Entbehrung wiederfindet ...

Nun dürfen die Weine einige Zeit reifen und ruhen – frei von jeglicher Störung, unbeeinflusst von jeder Probenentnahme in fröhlicher Zecherrunde. Bis zum hohen Feiertag aller Keltermeister: Martinstag, also dem 11. November. Aus dem unfertig wirkenden Rohschoppen ist ein **»Neuer Heller«** gereift.

Schon alte Heilkundebücher empfehlen, den Abend des 11. November mit fettem Essen nebst einem tüchtigen Rausch vom ersten jungen Wein zu verbringen. Naja, was macht man nicht alles für die Gesundheit ...

Unser erster Schoppen steht hefetrüb im Glas, der Mix von frischer Gärkohlensäure, würzigem Apfelgeschmack bis zu feinharmonischen Hefetönen lässt uns die ganze Jugend des apfeligen Weins erschmecken. Ein Saisonschoppen, der nicht nur zu den Speisen der Winterzeit passt, sondern vor allem als **»Haaßer Apfelwein«** großen Genuss bietet.

Doch vorab gilt es nun zu erkunden, welche Eigenheiten uns der Jahrgang schenkt. Schmeckt er leicht und verhalten, oder ist er apfelkräftig und von robuster Statur? Zeigt der Schoppen sich aromatisch oder erdig? Scheint er rasch gereift, oder wirkt er eher jugendlich? Einfach herrlich, gemeinsam mit Gleichgesinnten in solcher Weise Jahreszeit und Heimat zu erleben ...

Es ist diese, die »dunkle Jahreszeit«, während der die Apfelweine noch auf der Hefe liegen, die dem Keltermeister wesentlichste Einblicke gewährt. Denn in kurzer Zeit entbindet ein erheblicher Teil der Gärkohlensäure, und der größte Teil der Gärhefe sinkt zu Boden. Alleine dadurch bietet uns der Apfelwein nicht nur jeden Tag ein neues geschmackliches Erlebnis. Darüber hinaus zeigen sich die unterschiedlichsten Geschmacksnuancen. Wir erleben in wenigen Wochen eine ganze apfelige Wein-Genuss-Welt. Damit all diese Erlebnisse zu Erfahrungen werden, könnt ihr euer **Kellerbuch** → S. 93 nutzen. Sehr bald werden euch in euren Aufzeichnungen Parallelen und Abweichungen zu den Vorjahren auffallen, die euch zu neuen Erkenntnissen verhelfen.

Sobald die Tage wieder länger werden, spätestens ab der Jahreswende, entscheidet ihr, wann welcher Apfelwein **von der Hefe** genommen wird. Dieser weinhandwerkliche Schritt bedeutet einen massiven Einschnitt in der Weinbereitung. Zeitpunkt, sachgemäßes Handwerk und die Mischung entscheiden nun, ob eure Arbeit mit einem trinkbaren Schoppen oder einem exzellenten Apfelwein belohnt wird.

Am schwierigsten ist es, den Zeitpunkt herauszufinden, an dem der Wein das optimale Reifestadium für seinen **Abzug von der Hefe** erreicht hat. Die Kriterien hierfür sind so vielfältig wie die Beurteilung von Apfelwein unterschiedlich. Über die Jahre entwickelt ihr ein Gespür dafür.
Viele Anhaltspunkte gibt uns der Wein selbst: Verändert sich ein Fass über mehrere Tage nicht mehr erkennbar, kann dies bereits ein Hinweis sein. Ebenso solltet ihr stärker werdenden Hefegeschmack oder -geruch als Zeichen verstehen. Vor allem die Weinanalyse hilft uns nun – sinkende Werte der Gesamtsäure oder der freien schwefligen Säure zeigen euch, dass für diesen Arbeitsschritt der rechte Zeitpunkt gekommen ist → S. 87.
Damit ist klar, ihr müsst von den unterschiedlichen Fässern Kleinstmengen testen und die Probenergebnisse sowie etwaige Analyseergebnisse sorgfältig notieren.

Keltertipp:

Keinesfalls einen in der Klärung befindlichen Apfelwein von der Hefe nehmen. Aber keine Sorge, wenn ihr diesen Arbeitsschritt nach Weihnachten und vor dem 1. Februar vollzieht, könnt ihr zumindest nichts falsch machen. Alles darüber hinaus erlernt ihr in den kommenden Jahren. Je kontinuierlicher ihr eure Kellerbuchhaltung betreibt, desto schneller.

Der Abzug von der Hefe gehörte nach dem Zweiten Weltkrieg nicht zum allgemein ausgeübten Apfelweinhandwerk. Mag sein, dass viel Kelterwissen über beide Weltkriege verlorenging. So kann uns kaum verwundern, wenn in historischen Berichten so manches Mal vom »sonderbaren Weinhandwerk« der Keltermeister gesprochen wurde. Alten Erzählungen zufolge brachten nicht wenige der Kelterer ihren Schoppen auf der Hefe liegend zum Ausschank. Also – der Apfelwein lag auf der Hefe ...

Kelterexkurs: Cidre in Nordwestfrankreich

Im Gegensatz zu den hiesigen Gepflogenheiten werden in der Normandie seit jeher die Cidre bereits vor sowie während der Gärung mehrmals von der Hefe genommen. Dieses Handwerk birgt bei mangelnder Sorgfalt und fehlendem weinhandwerklichen Wissen enorme Risiken. Neben dem Verlust von Gärkohlensäure, der den Wein rasch »müde« schmecken lässt, wird der Wein wiederholt Infektionsgefahren ausgesetzt. Zudem droht durch den häufigen Sauerstoffkontakt ein Abbau der Gesamtsäure. Mit sachgemäß angewendetem Handwerk unterstützt ihr allerdings die Reifung höchst außergewöhnlicher, eindrucksvoll feiner und edler Weine aus dem Apfel.

Erneut beeinträchtigt übergroße Probenbegeisterung die Lagerfähigkeit eurer Apfelweine. Deshalb solltet ihr in den folgenden Wochen nur Fässer zum »Anstich« freigeben, die bis Februar ausgetrunken werden.

Na, ausgetrunken ist ja schnell. De Obba hat schon immer gesagt: »Wir Hessen können alles außer langsam.« Meine Oma hat da immer zugestimmt …

Die Ergebnisse der Kellerproben bieten euch die Grundlage für die Entscheidung, welche der Apfelweine zum Auffüllen verwendet werden oder ob gar eine komplett neue Sorte durch eine Mischung entstehen soll. Damit könnt ihr Besonderheiten eines Apfelweins genauso herausarbeiten wie eine Harmonie herstellen oder individuelle Nuancen einbringen.

Manchmal, so hab ich zumindest gehört, wurde ein Apfelwein, der so gar nicht gelungen war, so lange gemischt, bis er schließlich doch unter die Leut' kam. Naja, da kann ich euch nur den Ratschlag von meinem Obba mitgeben, der da sagte: »Wenn du einen schlechten Apfelwein hast, schütt ihn weg. Da ärgerst du dich wenigstens nur einmal.« ...

Keltertipp: Die Cuvée

Das Mischen der unterschiedlichen Apfelweine gehörte schon immer zum Handwerk der Keltermeister wie auch der Traubenweinhersteller. Die Mischung kann vom Guten zum Besseren führen. Mit dem »Verschneiden« der Apfelweine kann man erreichen, dass im Laufe des Jahres nur geringe geschmackliche Unterschiede erkennbar werden.
Bei der privaten Herstellung wird das Mischen meist unterschätzt. Macht einfach mal den Geschmackstest – ihr werdet erstaunt sein.
Hinweis: Unter dem Begriff »Cuvée« versteht man bei der Champagnerbereitung im Unterschied hierzu den Saftanteil, der ohne Druck aus der Kelter herausläuft.

Fasst eure Entschlüsse schriftlich zusammen,[3] und nutzt dies als **Kellerplan** → S. 93. Damit verschafft ihr euch vorab einen Überblick über den benötigten Zeitrahmen sowie den Bedarf an Fassraum.

Das **Entleeren des Gärfasses** könnt ihr, wie oben beschrieben → S. 61, durch seine Schrägstellung vorsichtig über den Restablauf bewerkstelligen. Doch das »Herzteil« des Fasses – der Wein oberhalb der Hefe und unterhalb seiner Oberfläche – ist am vitalsten. Somit ist das Entnehmen über einen **Klarablauf**, den jedoch kleinere Behälter leider selten haben, zu bevorzugen. Alternativ können spezielle **Hebeeinrichtungen** (Weinheber) → S. 104 f. oder ein aus lebensmittelechtem Material bestehender Schlauch genutzt werden.

Das „Anziehen“ des Apfelweins über einen Schlauch fördert aber manches Mal den Appetit auf den Schoppen nicht wirklich …

Die zum Lagern benutzten Behälter müssen völlig sauber sein. Behandelt den Wein während des Umfüllens mit aller Sorgfalt. Indem ihr ihn vorsichtig in den Lagerbehälter einfüllt, bewahrt ihr die Aromastoffe und die Frische gebende Gärkohlensäure. Der Gehalt an freier schwefliger Säure soll bei Fässern, die über die kommende Apfelblütenzeit lagern sollen, eine Untergrenze von 20 Milligramm pro Liter nicht unterschreiten. Die zum vorherigen Verzehr geplanten Schoppen könnt ihr ohne weitere Schwefelzugaben belassen. Allerdings setzt dies voraus, das alle besprochenen Kelterhinweise befolgt wurden, vor allem darf der Apfelwein keinem nennenswerten Luftkontakt ausgesetzt werden.

Ihr stellt euch einer enormen Herausforderung, wenn ihr in eurem Keller mehrere Behälter von unterschiedlicher Größe und mit verschiedenen Sorten von der Hefe nehmen wollt. Eine durchdachte Kellerbuchführung als Grundlage für vorausschauendes Weinhandwerk zahlt sich daher auf alle Fälle aus. Denn am Ende sollen alle Schoppen-Cuvées gemäß euren Vorstellungen vereint sein, ohne dass Reste verbleiben. Nach der Arbeit wartet anschließend ein Keller mit faszinierenden Schoppen auf euch – denn nun sind aus den hefetrüb und apfelig intensiven »Neuen Hellen« weinig-frische **»Junge Apfelweine«** gereift.

Sobald der Frühling erwacht, wird mancher Keltermeister vom Phänomen einer **»zweiten Gärung«** überrascht: Die Gärröhrchen blubbern erneut. Dies hängt allerdings nicht mit einer weiteren alkoholischen Gärung zusammen, denn die Hefen haben den Zucker bereits im Herbst vollends umgesetzt. Gelegentlich sorgt die Erwärmung des Apfelweins für dessen Volumenvergrößerung und bewirkt kurzfristig einen optisch sichtbaren Druckausgleich.

In den meisten Fällen liegt der Grund für das Blubbern darin, dass Bakterien **Apfelsäure zu Milchsäure** umwandeln. Bei diesem Vorgang entsteht Kohlensäure. Solch anregend-perlig wirkender Apfelwein schmeckt natürlich dem Keltermeister und seinen Gästen. Doch Vorsicht ist geraten, denn häufig folgt auf diese **»malolaktische Gärung«** Fehlgeschmack bis hin zu Sauerkrauttönen. Die Lagerfähigkeit eures Apfelweins verbessert ihr, indem ihr diesen erneut in ein frisches Fass umfüllt. Achtet darauf, dass keine Hefe beim Umfüllen überführt wird, und gebt nochmals etwa fünf Gramm Schwefel auf 100 Liter Schoppen, bevor dieser Zeit zum Verderben findet.
Bei der Traubenweinherstellung wird die oben beschriebene »malolaktische Gärung« mancherorts gerne in Kauf genommen. Denn die Bakterien können die zu etwa zwei Dritteln in Traubenweinen vorkommende Weinsäure nicht zersetzen. Mit der Umsetzung der Apfelsäure verringert sich die geschmackliche Säure, der Wein wirkt in der Folge harmonischer. Dem gegenüber fehlt dem Apfelwein die schützende Weinsäure.

Nun ist es so weit, euer »Junger« Apfelwein ist zum **»Aale«** gereift.

Beim Apfelwein geht schnell, was bei uns Apfelweintrinkern nur langsam voranschreitet. Das Apfelelixier ist ja so verheerend gesund, dass wir Schoppengenießer einer natürlichen Alterung kaum mehr fähig sind ...

Kann denn jetzt – nach der Apfelblütenzeit und im Rückblick auf all die getane Arbeit – endlich das unbeschwerte Zapfen beginnen? Denn eigentlich müsste der »Aale« für die kommenden Monate stabil bleiben. Doch anders als weithin geglaubt, sind die Risiken für den Wein mit diesem Zeitpunkt nicht vorüber. Auch künftig benötigen eure Schoppenfässer Schutz und Pflege, denn die Wandlung eures Apfelweins geht bestenfalls verlangsamt voran, beendet ist diese nie. Unbedingt einschreiten müsst ihr beispielsweise, sobald ein Apfelwein aus der Trübung heraus klar wird. Denn der Wein muss dann baldigst von der zu Boden sinkenden Hefe befreit werden.

Und wenn es keine andere Möglichkeit gibt, dann muss man halt auch mal eine Verabredung absagen, wenn man sich um den Schoppen kümmern muss ...

Das fordert von euch, weiterhin erhebliche Temperaturschwankungen zu vermeiden, den Sauerstoffkontakt des Weins weitgehend zu unterbinden und Hinweise zur Haltbarkeit des jeweiligen Apfelweins über Analysen zu sammeln. Welch ein Streben nach Veränderung ein in solcher Weise handwerklich hergestelltes Getränk – mithin jedes Lebensmittel – in sich trägt, könntet ihr erschmecken, böte euer Fass die Möglichkeit, von unterschiedlichen Höhen zu zapfen. Entsprechende Entnahmestellen bekommt ihr leider nur über Spezialanfertigungen. Könnte man von verschiedenen Zapfhähnen probieren, wüsste jeder Kelterer, dass Wein nie eine homogene Essenz ist, sondern jede Stelle eines Fasses anders schmeckt.

Da kann man wirkliche Geschmacksunterschiede erkennen. Deshalb hat de Obba immer fabuliert: »Vom Fass das obere Drittel halte ich für Freunde und gute Bekannte, das mittlere Drittel für meine Familie und vor allem für mich, und das untere Drittel wird verkauft« ...

Die Apfelweinproben im Schoppenkeller, gerade aus den eigenen Fässern, bieten stets eine besondere Faszination. Doch stellt sich später manches Mal ein, was viele von uns mit ihrem aus dem Urlaub mitgebrachten Lieblingswein schon erlebten: Zu Hause schmeckt er nicht. Was für ein Glück, dass selbst in unserer globalen Welt nicht alles zu jeder Zeit an jedem Ort austauschbar ist.

Für den **Ausschank** eures »Kellerwerkes« legen diese Erfahrungen mannigfaltige Konsequenzen nahe:

- Achtet stets auf die Sauberkeit der Transportbehälter. Transportiert euren Apfelwein schonend, kräftiges Durchschütteln dürft ihr eurem Schoppen ersparen. Daher sollen Behälter, die bewegt werden, immer randvoll sein.
- Die Zapfbehälter lagert ihr kalt und unter Abschluss von Sauerstoff. Das gilt ebenso für den Apfelwein in eurem Lagerkeller. Nutzt ihr die optimale Möglichkeit, den Apfelwein über Zapfgeräte auszuschenken, ist der Einsatz von Stickstoff oder Pumpen zu empfehlen. Steht Kohlensäure zur Verfügung, achtet unbedingt auf einen niedrigen Kohlensäuredruck, meist genügen bereits 0,5 bar. Besser, ihr zapft langsam, als über eine CO_2-Imprägnierung einen säuerlichen Apfelweingeschmack zu riskieren. Auf keinen Fall darf der Apfelwein aus dem Zapfhahn herausspritzen. Auch wenn die Kohlensäure nach dem Zapfen entbindet – den Wein hat sie trotzdem geschädigt.
- Für den optimalen Apfelweingenuss dürft ihr auf die dankenswerte Einrichtung des **Bembels** keinesfalls verzichten. Denn nun soll der Apfelwein bekommen, was wir stets von ihm fernhielten: Sauerstoff und Wärme. Beides sorgt für eine ideale Entfaltung von Aroma und Geschmack. Gerade bei unserem Apfel-Genuss-Getränk, das mit geringem Alkoholgehalt und wenig Säure beschenkt ist, bewirkt das vorherige »Atmen« des Weins wahre Wunder.

Diesen Effekt könnt ihr ohne großen Aufwand testen: Schenkt euch aus dem Kühlschrank ein Glas vom selben Apfelwein ein, den ihr aus einem Bembel, der bereits eine Stunde im Wohnzimmer stand, probiert. Dann versteht ihr, weshalb ein Schoppen an der Theke gar keine Chance hat zu schmecken, wenn er direkt aus dem Bierkeller gezapft wurde ...

Damit er auch während des Trinkens seinen wundervollen Geschmack behält, setzt ihr ein **Deckelchen** auf euer Glas. Und somit wäre das **»Magische Dreieck des Apfelweins«** vereinigt: Bembel, Deckel und gerippte Schoppengläser.

Das Deckelchen sorgt außerdem dafür, dass euer Schoppen vor fremden Einflüssen geschützt wird. In der Gartenwirtschaft unerlässlich, drohen doch herunterfallendes Blattwerk und Fliegen den Schoppengenuss zu beeinträchtigen. Sinnvoll ist das Deckelchen aber auch, wenn euer Nachbar schon drei Schoppen mehr getrunken hat, als er eigentlich verträgt, und deshalb seine Aussprache zunehmend feuchter wird ...

In eurem eigenen Schoppenkeller erschließt sich euch die Faszination des Apfelweins unmittelbar – spätestens sobald ihr vom leckersten Apfelwein den letzten Schluck vertilgt habt. Nun ist jeder Apfelwein einmalig und unwiederholbar – eben auch der allerbeste. Doch ist das kein Verlust, oder?

Da muss ich doch noch mal an de Obba denken. Jahr für Jahr galt sein Apfelwein als der beste im ganzen Ort, ein legendärer Ruf. Nie reichten seine Vorräte bis zur nächsten Apfelernte – es waren ja auch alle Freunde und Nachbarn gierig, ein paar Schoppen abzubekommen. Und de Obba gab immer. Er babbelte stets mit jedem gern, auch über seinen Apfelwein erzählte er leidenschaftlich. Bei seiner Kellerarbeit blieb er aber Eigenbrötler, da wollte er keinen um sich haben. Zwar beteuerte er stets, nichts anderes als alle anderen zu machen. Doch war jeder davon überzeugt, er würde um seinen außergewöhnlich guten Schoppen ein großes Keltergeheimnis hüten. Als es eines Tages mit ihm zu Ende ging, bedrängten ihn seine besten Freunde sogar noch auf dem Totenbett, dieses Geheimnis zu lüften. Dem Bitten und Betteln folgend, öffnete er noch einmal die Augen und sprach mit seinem letzten Ausatmen: »Es war immer zu wenig.« ...

Analyse und Kellerbuchhaltung

Einem häufig erhobenen Einspruch gebe ich direkt statt: Ideale Analysewerte garantieren noch lange keinen großartigen Schoppen. Mich beruhigt das ungemein. Beweist dies uns doch augenfällig, dass das Phänomen Wein niemals auf die Summe physikalischer und chemischer Abläufe reduzierbar sein wird.

Trotzdem kann der Wert der Weinanalyse kaum überschätzt werden. Ihre grundlegende Bedeutung für gewerbliche Keltereien und Weinkontrolleure ist unbestritten. Darüber hinaus eröffnen sich durch das Wissen um die Weininhaltsstoffe den Obstwiesen-Weinmachern völlig neue Einblicke in die eigene Apfel-Wein-Bereitung. Wertvolle Kenntnisse, dank derer sich jedem, egal ob Kelterer oder Schoppengenießer, ein tieferes Verständnis für den Wein eröffnet.

Die Durchführung von Weinanalysen ist kompliziert. Denn bereits einfachste Analysemethoden setzen theoretische und praktische Grundkenntnisse der Weinchemie voraus. Kaum ein Analyseschritt, der nicht die Gefahr birgt, dass sich Fehler einschleichen, die das Ergebnis verfälschen. Ohne entsprechende Vorbildung können solche Fehlerquellen kaum bemerkt und schon gar nicht beseitigt werden. Zudem werden die meist teuren und sensiblen Analysegeräte bei unsachgemäßer Handhabung rasch beschädigt. Des Weiteren weisen viele der benötigten Reagenzien selbst bei sachgemäßer Lagerung eine kurze Haltbarkeit auf. Geringer Verbrauch verursacht somit erhebliche Kosten pro Messung.

Womit sich erklärt, weshalb Analysen bei einem zertifizierten Labor sehr teuer sind. Eine Analysenbegleitung von kleinen Produktionsmengen scheint folglich kaum in Frage zu kommen.

Die Lösung dieses Dilemmas könnten die örtlichen Obst- und Gartenbauvereine bieten → S. 111. Überwiegend stehen Räumlichkeiten und finanzielle Mittel zur Verfügung. Finden sich dann noch aus dem Kreis der Mitglieder Personen, die willens und in

der Lage ist, Messungen durchzuführen und die Gerätschaften zu verwalten, kann der Verein mit attraktiven Dienstleistungen glänzen. Ganz sicher stellt sich bald eine beträchtliche Anzahl an Analysewünschen ein, dank derer sich der Kauf der Analysegeräte sowie der notwendigen Reagenzien rechnet. Bei seriöser Beratung erwachsen Kontakte zu vielen potentiellen Neumitgliedern für den Verein.
Im Folgenden charakterisiere ich in Kürze einige Parameter möglicher Analysen, die euch einen weiteren Einblick in die wunderbare Welt der Apfelweine verschaffen. Haarkleine, langatmige Abhandlungen erspare ich uns. Detaillierte Beschreibungen, die euch Arbeitsaufwand, Fachkenntnisse und Kosten auflisten, findet ihr über die Eingabe der jeweiligen Analysebezeichnungen im Internet. Die Analyseanleitungen liefern die Anbieter beim Kauf eines Gerätes mit. Das Verzeichnis mit einer Liste von Händlern findet ihr im **Wegweiser** → S. 104 f.

Der für uns bedeutendste Bestandteil des Safts ist seine Süße.

Zucker

Da der überwiegende Teil des Feststoffgehalts eines Safts aus Fruchtzuckerarten besteht, genügt es für unseren Zweck, den **Zuckergehalt** über die einfache Messung der Saftdichte zu bestimmen.
Exakte Werte bei einfacher Handhabung ermittelt der **Refraktometer**. Anhand des Brechungswinkels des Lichts wird auf einer Skala der Wert abgelesen. Allerdings ist ein Refraktometer recht teuer und sollte sehr sorgsam behandelt werden.
Günstiger und ebenfalls einfach in der Handhabung ist die **Öchslewaage**. Diese Spindel schwimmt in einem Zylinder, der mit dem zu messenden Saft befüllt ist. Je höher der Feststoffgehalt ist, desto höher ragt die Spindel aus der Flüssigkeit heraus. Die Oberfläche der Flüssigkeit zeigt dann ebenfalls auf einer Skala den Wert an.

In Deutschland wird der Zuckergehalt zumeist in Grad Oechsle (° Oe) berechnet. Für unsere Zwecke genügt die Formel:
1 Grad Oechsle = 2 Gramm Zucker pro Liter.
Hierbei unbedingt auf den Temperaturausgleich achten – Näheres findet ihr in der Beschreibung des jeweiligen Analysegeräts. Bei Apfelsaft aus heimischem, reifem Kelterobst liegen die Werte zumeist bei 45 bis 53° Oe, also umgerechnet zwischen 90 und 106 Gramm Zucker pro Liter. Natürlich können sortenreine Säfte (etwa aus der Goldparmäne) weit darüber liegen. Im Laufe der Keltersaison nimmt der Zuckergehalt des Obstes aufgrund der fortschreitenden Reifung zu.

Alkohol

Die Hefen verarbeiten den Zucker in annähernd gleiche Teile Alkohol und Kohlensäure. Bei der häuslichen Apfelweinbereitung verbleibt nach der Gärung keine Restsüße, daher kann jeder Selbstkelterer aufgrund des gemessenen Zuckers im frischen Saft annähernd den Alkoholgehalt des künftigen Weins berechnen. Hierzu nutzt ihr die Formel:
Grad Oechsle / 8 = Alkoholgehalt in Volumenprozent (vol %).
Weist euer Saft zum Beispiel einen Zuckergehalt von 48° Oechsle auf, resultiert ein künftiger Alkoholgehalt von sechs vol %. Gemäß den deutschen Verordnungen muss Apfelwein einen Mindestalkoholgehalt von 5,5 vol % aufbringen. Daraus könnt ihr folgern, dass euer Saft für einen »ordnungsgemäßen« Apfelwein mindestens 44° Oe erreichen muss.
Auf diesem Weg ermittelt ihr natürlich keinen exakten Laborwert, denn Fehlerquellen, Ungenauigkeiten sowie der Alkoholabbau während der Lagerung (beispielsweise aufgrund von Essigbildung) führen leicht zu Differenzen. Die berechneten Werte ermöglichen aber trotzdem einen wichtigen Einblick in die Weinbereitung.

Auch, weil das eine absolut großartige Wirkung auf eure Gäste hat, wenn ihr bei der Probe so ganz beiläufig den Alkoholgehalt eures Apfelweins nennt ...

In Flüssigkeit gelöster Zucker alleine reicht jedoch für die alkoholische Gärung nicht aus. Was dort die Süße in Alkohol und Kohlensäure verwandelt, gehört zu den weiteren großartigen Erfindungen der Natur.

Hefen

In der Vielzahl der verschiedensten Lebewesen, die unseren frisch gekelterten Saft bevölkern, finden die **Gärhefen** besondere Beachtung. Die überwiegende Zahl der Hefen eines gesunden Safts ist bestrebt, den Fruchtzucker in Alkohol und Kohlensäure zu wandeln.

Liebenswert, welch wundervolle Leistung diese kleinen, possierlichen Tierchen vollbringen. Dabei war dieses Phänomen vor 300 Jahren völlig unerforscht. Die Fachleute waren stets verwundert, weshalb frischer Saft – in großen Mengen getrunken – gänzlich unschädlich war, der Genießer jedoch einige Tage später vom Inhalt des selbigen Fasses einer berauschenden Wirkung erlag ...

Ursprünglich verursachten ausschließlich Hefen, die über die Oberfläche der Früchte in den Saft gelangten, oder bereits in der Luft befindliche Gärhefen die Vergärung. Die durch solche **Apiculatushefen** hervorgerufene »Spontangärung« bildet eine schmeckbare Menge an »Gärnebenprodukten«, die seit einigen Jahrzehnten die Weinfachleute als »unrein« einstufen. Im Gegensatz zu diesen »wilden Hefen« sollen gemäß heutiger Vorgaben **»Reinzuchthefen«** den Saft vergären. Bei einem Großteil der Apfelweinfreunde findet jedoch das durch die Spontangärung verursachte, opulente Geschmacksbild – in der Fachwelt als **»Frankfurter Ton«** verschmäht – enormen Gefallen. Bei der Apfelweinbereitung verschwand dieser ganz eigene Apfelweingeschmack ja auch nie gänzlich. Denn selbst der Einsatz von Reinzuchthefen verhindert nicht das Mitgären der Hefen, die aus der Obstwiese stammen. Lediglich bei einem vorherigen Erhitzen des Safts werden alle safteigenen Keime, Bakterien und Hefen abgetötet.

Natürlich setzen die Weinfachleute auf Reinzuchthefen, die entsprechend dem ihnen zugedachten Wirkungsfeld selektiert werden. Zwar ist ihr Einfluss weniger geschmacksbildend als geläufig angenommen. Die Auswahl der Hefe ist trotzdem von Bedeutung. Beispielsweise arbeiten Sherryhefen in Flüssigkeiten mit höherem Alkoholgehalt, Schaumweinhefen dagegen wirken selbst bei größeren Mengen gelöster Kohlensäure. Dass der Einsatz von Sherryhefen allein dem Obstwein eine Sherrynote verleiht, können wir hingegen als weiteres Keltermärchen ad acta legen.

Seit einigen Jahrzehnten züchten manche Weinbaubetriebe ihre Gärhefen im eigenen Labor. Verarbeitet der herstellende Kellermeister Früchte der heimischen Region, eignen sich diese natürlich selektierten Hefen optimal für die Vergärung.

Die unter Selbstkelterern weit verbreitete, prinzipielle Ablehnung von Reinzuchthefe kann ich nicht teilen. Denn sowohl in der sensiblen Startphase wie in der Endphase der Gärung können die leicht zu hemmenden Apiculatus-Hefen Störungen verursachen. Ein möglicher Kälteeinbruch kann in der Schlussphase der Gärung das Endprodukt massiv beeinträchtigen. Die Reinzuchthefen geben uns dagegen aufgrund ihrer Selektion eine höhere Gärsicherheit.

Auf jeden Fall müsst ihr bei der Verwendung von Reinzuchthefe die Beschreibung der Packungsbeilage befolgen. Die Hefe wird sobald als möglich dem frisch gekelterten Saft zugegeben. Und sie muss vorab in warmem Saft verflüssigt werden. Einfach so in das Fass geschüttet, bleibt sie weitgehend wirkungslos.

Doch egal, welche Hefen zum Einsatz kommen – für den optimalen Gärverlauf spielt die **Temperatur** eine entscheidende Rolle.

Temperatur
Es wird euch erstaunen, dass selbst alltägliche Messinstrumente zur Weinanalytik gehören. Denn in jeden Apfel-Wein-Keller gehört unbedingt ein Thermometer zur Messung der Umgebungstemperatur und ein Getränkethermometer. Einige der grundsätzlichen Richtwerte möchte ich euch im Folgenden mit auf den Weg geben:

- **Angärtemperatur**: Liegt die Safttemperatur unter zehn Grad Celsius, empfiehlt sich der Einsatz einer **Kaltgärhefe**, deren Wirkung nicht von einer höheren Temperatur abhängig ist. Alternativ könnt ihr in fünfzehn Prozent des Safts die Hefe auflösen und somit die Angärsituation verbessern.
- **Gärtemperatur**: Die Gärung erzeugt Wärme. Somit können wir den Gärverlauf über die Temperaturentwicklung überwachen und sogar beeinflussen. Weinhandwerkliche Möglichkeiten, die in der Praxis bei kleinen Herstellungsmengen kaum eine Anwendung finden. Und doch sollte jedem Keltermeister der Zusammenhang klar sein, damit grundsätzliche Fehler von Beginn an verhindert werden. Hat beispielsweise die Gärung begonnen, dürfen keine massiven Temperaturschwankungen deren Verlauf stören. Bei kleineren Behältern erreicht der werdende Apfelwein selten mehr als 18° C. Die Raumtemperatur kann zwischen 8° C und 14° C liegen, damit kann überschüssige Gärwärme abstrahlen. Komplett isolierte Gärbehälter sind folglich unsinnig, denn der entstehende Wärmestau kann zu geschmacklichen Einbußen bis hin zum Verderb des Weins führen. Darüber hinaus könnt ihr auf eine Verminderung der Gärtätigkeit schließen, sobald das Gärfass abkühlt.
- **Lagertemperatur**: Diese sollte bei einer Raumtemperatur von unter zehn Grad Celcius liegen. Diese Temperatur

fördert Geschmacksbildung und Klärung, erhält lange die Frische des Weins und hemmt die Entwicklung schädlicher Bakterien.

- **Genusstemperatur**: Nicht anders als bei Traubenweinen erhöht die optimale Trinktemperatur auch beim Apfelwein die Trinkfreude enorm. Am besten für Apfelwein ist eine Trinktemperatur von etwas über zehn Grad Celsius. Bei einem Echten Speierling Apfelwein führt gar meist eine Weintemperatur von bis zu 15 Grad Celsius zu seiner besten Geschmacksentfaltung. Dies gilt natürlich für einen »Sauergespritzten« in der Gartenwirtschaft nicht. Hier darf der Schoppen eine durstlöschende Kühle von sechs bis acht Grad Celsius haben.

Diese Aufzählung zeigt, wie bedeutend das Wissen um die tatsächliche (und nicht die gefühlte) Temperatur für Genuss und Haltbarkeit unserer Weine ist.

Weitere Hinweise auf die Weinstabilität erfahren wir über die

Gesamtsäure.
Die Messung aller im Saft oder Wein vorhandenen Frucht- und Essigsäuren wird einfach und kostengünstig durch **Titration** vorgenommen. Hierbei wird in eine vorgegebene Menge des Weins Blaulauge zugegeben, bis ein Farbumschlag der Flüssigkeit zu sehen ist. Vor der Messung muss die Gärkohlensäure – die, wie uns ja mittlerweile bekannt ist, durch die alkoholische Gärung im Herbst oder die malolaktische Gärung im Frühling entsteht – herausgeschüttelt werden. Steht zwar in jeder Anleitung, wird jedoch selten befolgt.
Berechnet wird die Gesamtsäure in Gramm pro Liter. Üblicherweise messen wir bei frisch gekeltertem Saft – je nach Region und Sortendominanz – sechs bis neun Gramm Säure pro Liter. Weniger als sechs Gramm Säure pro Liter sollte der Saft nicht

haben, denn mit dem Gärbeginn ist stets ein Säureabbau verbunden. Der Säurewert einzelner Apfelsorten kann vom genannten Mittelwert deutlich abweichen. Mit dem Wissen um die jeweiligen Eigenschaften bestimmter Sorten eröffnet sich für uns die Möglichkeit, einen säureschwachen Saft verbessern zu können, indem wir beispielsweise gezielt Trierer Weinäpfel beimischen.
Das **Zucker-Säure-Verhältnis** wünschen wir uns in der Relation zwölf Teile Zucker zu einem Teil Säure. Bei einem Saft mit 50° Oe wäre damit ein Säuregehalt von etwa acht Gramm pro Liter optimal.

Beispiele

° Oechsle = g Zucker pro Liter	Gramm Zucker / 12 = Mittelwert an gewünschter Gesamtsäure in Gramm pro Liter
45° Oe = 90 g Z / l	90 / 12 = 7,50 g / l
50° Oe = 100 g Z / l	100 / 12 = 8,25 g / l
55° Oe = 110 g Z / l	110 / 12 = 8,33 g / l

Über die **Veränderung des Säurewerts** erhalten wir entscheidende Hinweise auf die Haltbarkeit. Deshalb helfen Messungen nur, wenn diese regelmäßig durchgeführt werden. Vom frisch gekelterten Saft aus gemessen, sollte der ausgegorene Wein nicht mehr als zwei Gramm Säure pro Liter verloren haben. Bleibt der Gehalt an Gesamtsäure während der anschließenden Lagerung stabil, ist dies ein gutes Zeichen für seine Haltbarkeit.
Verändert sich der Gesamtsäurewert, ist auf die Aktivität unerwünschter Bakterien zu schließen. Sinkt dieser, kann dies auf das Wirken von Milchsäurebakterien hinweisen. Steigt der Wert, deutet dies darauf hin, dass **Essigsäurebakterien** am Werk sind.

Essigsäure
Nach der in Deutschland geltenden Lehrmeinung gilt es, diesen Prozess zu unterbinden. Vor allem ein erhöhter Gehalt an Essigsäure gilt als so ziemlich das Allerschlimmste, was dem Apfelwein zustoßen kann. Die Beurteilung »Essig« gleicht der Hinrichtung eines Weins. Allerdings gilt es hier, ein weiteres Keltermärchen als solches zu kennzeichnen.

Sollte in Deutschland jemals der Titel des »Wein-Beelzebubs« vergeben werden, dann würde sich zweifelsfrei die Essigsäure dieser Auszeichnung erfreuen.
Tatsächlich steigt der Gehalt der Essigsäure an, wenn ein Wein sich in Richtung Verderb entwickelt. Deshalb hat sich in den Fachinstituten die Auffassung durchgesetzt, diesen Wert als Parameter für die Güte eines Weins zu betrachten. Aber das stimmt so nicht. Zwar ist richtig, dass die Essigsäure ansteigt, wenn ein Wein verdirbt. Aber der Umkehrschluss, dass die Höhe der Essigsäure auf die Güte des Weins schließen lässt, wie von Fachinstituten behauptet, ist falsch. Die flüchtige Säure ist elementarer Bestandteil in jedem Wein und erhöht seine Verträglichkeit. Auch für die Geschmacks- und Aromabildung ist sie von unersetzbarem Wert.
Vorzugsweise bei restsüßen Apfelweinen wirkt eine gut eingebundene Essigsäure zwischen Süße und Säure harmonisierend. Selbst durchgegorenen Apfelweinen kann sie eine besondere und doch angenehme Note schenken, wie uns die nordspanischen Sidra beweisen. Darf in Deutschland die Obergrenze von einem Gramm Essigsäure pro Liter nicht überschritten werden, so wird in Asturien kein Sidra in den Verkehr gebracht, der nicht mindestens 1,4 Gramm pro Liter aufweist. Im spanischen Baskenland erreichen viele Sorten sogar über drei Gramm pro Liter.

Und wir Hessen trinken aktuell weniger als zehn Liter Apfelwein pro Kopf im Jahr – in Asturien und im Baskenland trinken die in gleicher Zeit 55 Liter! Kann so schlimm nicht sein, die Essigsäure, oder? ...

Trotzdem darf bei uns unter der Bezeichnung »Apfelwein« kein Getränk in den Verkehr gebracht werden, das den Grenzwert überschreitet. Für die Herstellung zum Eigenverzehr spielt diese Verordnung hingegen keine Rolle.

Die **Messung der Essigsäure** erfolgt über Destillation und Titration in mehreren Schritten und ist daher äußerst aufwendig. Sobald sich auf der Oberfläche eures Weins eine dünne, weiße Schicht bildet, sind dies Kahmhefen. Ihr könnt dann von einer einsetzenden Essigbildung ausgehen.

Möchtet ihr euren Apfelwein mit nur geringer Essigsäure ausbauen, gilt es, neben der unvermeidlichen Sauberkeit drei Punkte zu beachten:

- Sorgt dafür, dass eure Lagerfässer randvoll sind. Essigbakterien können sich nur im Kontakt mit Luft vermehren.
- Falls ihr die Möglichkeit habt, die Temperatur in eurem Lagerkeller unter zehn Grad Celsius zu halten, verlangsamt sich die Wandlung des Weins, was auch die Essigbildung hemmt.
- Zur Stabilität tragt ihr bei, wenn ihr die **freie schweflige Säure** immer über 20 Milligramm pro Liter haltet. Regelmäßige Messungen des Schwefelgehalts sind daher äußerst wichtig.

Aber der Schwefel ist doch das nächste »Teufelszeug«! Oder?

Schwefel

Während in der gewerblichen Weinproduktion der Einsatz von Schwefel als unabdingbar gilt, sehen ihn viele Selbstkelterer und manche Verbraucher als ein Grundübel an. Grund genug, die Gelegenheit zu nutzen, zur Aufklärung dieses Keltermärchens beizutragen. Wenn auch manches Mal überschwefelte Weine Kopfschmerzen bereiten, so ist dafür der Schwefel nicht die Ursache. Wäre ihm diese Wirkung zu eigen, so würden uns andere Lebensmittel ebenso oder mehr in dieser Weise beeinträchtigen.

Sein schlechter Ruf hat wohl damit zu tun, dass er »stinkt wie der Teufel« und Schwefel unweigerlich mit Pech verbunden wird. Allerdings beschrieb die zugrundeliegende Bibelstelle nicht Unglück, sondern die teerartige Flüssigkeit, die gemeinsam mit Schwefel das Höllenfeuer auf ewig in Gang hält. Es verhält sich wohl wie bei allen anderen Stoffen: Die Menge macht's ...

Schwefel ist ein Grundbaustein des Lebens, wir finden Schwefelverbindungen in jeder Körperzelle, bei Mensch wie bei Tier. Sowohl bei der Verdauung als auch bei jeder Gärung entsteht Schwefel.
Zu den gewünschten Wirkungen des Schwefels zählt im Weinhandwerk, dass er den Wein vor Sauerstoff schützt und somit auch die Entwicklung von **Essigsäurebakterien** hemmt. Seine reduktive und keimhemmende Wirkung führt bei unfachmännischer Anwendung manches Mal zu überschwefelten Weinen. Oftmals werden die notwendigen Messungen nicht durchgeführt, und dem Wein wird unnötigerweise zu viel Schwefel zugefügt. Denn ein Teil des zugegebenen Schwefels bindet sich direkt mit dem Wein – die **gebundene schweflige Säure**. Aber nur die ungelöste **freie schweflige Säure** bewirkt den von uns gewünschten Effekt. In der Folgezeit zerfällt diese mehr oder minder rasch in den Wein. Ohne die Kenntnis des aktuellen Gehalts an freier schwefliger Säure könnt ihr nicht seriös entscheiden, wann und wieviel nachgeschwefelt werden muss. Trotzdem gehören »vorbeugende« Nachschwefelungen noch immer zu den regelmäßigen Arbeiten in so manchen Kellern. Richtigerweise sollten die Keltermeister nur nachschwefeln, sobald der Wert der freien

schwefligen Säure unter 20 Milligramm pro Liter fällt. Dafür zu nutzende Laborgeräte findet ihr im Wegweiser → S. 104 f. Löst das Schwefelpulver vor seiner Zugabe in warmem Wein auf, damit dieses optimal im Fass verteilt wird.
Die »klassische Kellerprobe« bietet euch eine einfache Möglichkeit, etwas über die Stabilität eures Apfelweins zu erfahren. Stellt ein Glas vom betroffenen Apfelwein neben das Lagerfass. Wird der Apfelwein über Nacht dunkel, ist die schützende freie schweflige Säure verbraucht.

Es gibt noch eine weitere bemerkenswerte Säure, die ebenso wertvoll wie gefährlich sein kann.

Kohlensäure

Die eine Hälfte des Fruchtzuckers des Apfelsafts vergärt zu Alkohol, die andere Hälfte entwickelt sich zu Kohlensäure. Der überwiegende Teil dieser Gärkohlensäure entweicht direkt sowie während der Fasslagerung des Weins. Die entweichende Gärkohlensäure kann gefährlich werden, denn sie sinkt zu Boden und verdrängt zunehmend die Atemluft. Todesfälle in Gärkellern gehören leider noch immer nicht der Vergangenheit an.
Ein kleiner Teil der Kohlensäure verbleibt und sorgt für eine angenehme Frische des Getränks. Das Entweichen der Gärkohlensäure könnt ihr verlangsamen, indem ihr eure Fässer stets voll haltet.
Nicht zu empfehlen ist das Abfüllen des Weins in Flaschen. Denn ihr müsst nicht nur Flaschen finden, die ihr benutzen dürft. Pfandflaschen dürfen hierfür nicht genutzt werden. Etwas unbemerkte Süße, Temperaturerhöhung während der Lagerung, da können durchaus leicht vier bis fünf bar Druck – und damit mehr als in Autoreifen – zustande kommen. Plötzlich liegen da richtige kleine Bomben in eurem Keller, die eine stete Gefahr für Leib und Leben bedeuten. Daher komme ich nicht umhin, euch ebenso von der Herstellung von perlenden Apfelweinen abzura-

ten: Die Explosionsgefahr mit all ihren Folgen ist schlicht unvertretbar.
Wie uns ihr Name schon sagt, zählt die Kohlensäure zu den Säuren. Daher kann sie sich – beispielsweise beim Ausschank über eine Zapfanlage – auf das Getränk durchaus auch negativ auswirken. Wird ein Druck von über einem bar über einige Tage gehalten, verbindet sich die Kohlensäure so intensiv mit dem Getränk, dass Bier trüb und Wein sauer wird.

Kellertagebuch

Das Kellertagebuch als Bestandteil kreativer Weinbereitung wird allseits unterschätzt. Dabei erarbeiten wir uns über regelmäßige Aufzeichnungen in kurzer Zeit einen enormen Erfahrungsschatz. Ob als Hilfe bei der Fehlersuche, ob als Bestätigung neu erworbenen Kelterwissens – die Notizen in einem »Kellerbuch« fügen sich bald zu einem unverzichtbaren Ratgeber zusammen. Neben Analysedaten und Degustationsergebnissen können euch folgende Informationen helfen:

- Wann wurden welche Äpfel geerntet und in welcher Qualität?
- Wann, wo und wie wurde entsaftet?
- Wann wurde der Süße in das Gärfass gefüllt, und kam etwas dazu (Hefe, Schwefel, saure Früchte)?
- Welche weiteren Schritte wurden wann gemacht (Auffüllen des Gärfasses, Zugabe Schwefel, Zugabe saurer Früchte, Abzug von der Hefe, weiteres Umfüllen)?
- Persönliche Erlebnisse, die den individuellen Charakter des Getränks hervorheben.

Ihr erstellt damit nicht nur den »Steckbrief« eures Schoppens – sehr bald könnt ihr feststellen, dass euer weinhandwerkliches Wissen ein gutes Fundament gefunden hat. Mit dieser Grundlage werdet ihr ganz viel Freude bei der Herstellung eurer Apfelweine und folglich beim Genuss erleben.

Häufig gestellte Fragen

Index

Literatur

Apfelwein-Geographie

Helga Faber: Die Welt des Apfelweins, Hanau 2011
Andreas Voth: Apfelweinregionen in Europa, Vechta 2011

Genuss

Eckart Brandt / Judith Bernhard: Unser großes Apfelkochbuch, München 2012
Konstantin Kalveram / Michael Rühl: Hessens Apfelweine, Frankfurt 2008
Konstantin Kalveram / Michael Rühl: Frankfurts Apfelweinführer Frankfurt 2011
Dieter Schmidt-Hauck: Stöffche, Frankfurt 1988
Claus J. Viering: Blutwurst Lasagne auf Speierling Sauerkraut, Hanau 2009
Rud. Weil: Der Apfelwein, Berlin 1895
Michael Stöckl: Der Apfelweinschmecker, Frankfurt 2012

Geschichte

R.K. French: The history and virtues of Cyder, London 1982
Frank Gotta: Aus einem goldenen Apfel, Frankfurt 1979
José Uria Irastorza: La Sidra, San Sebastian 2001
Eberhard Klitta / Gerd Scholten: Trierer Viez, Trier1987
Hans Nass: Im Sternzeichen des Apfels, Hrsg.: Kelterei Höhl, Frankfurt 1979
Annie Proulx / Lew Nichols: Cider, North Adams / USA 2003
Paul Robin / Michael de la Torre: Le Cidre, la pomme, le calvado, Paris 2001
Richard Schaffer-Hartmann / Julia Wiehler: Äppelwoi, Hanau 1990
Jörg Stier: Apfelwein in Geschichten und Anekdoten, Hanau 2006
Jörg Stier: ApfelWeinKunst, Nidderau 2008
Jörg Stier: Emma & Einhard, Hanau 2009

Herstellung
Frank Kramer: Apfelweinbereitung, Berlin 1894
Ed. Lucas: Der Cider oder Obstwein, Ravensburg 1869
Gudrun Mangold: Most, Tübingen 2003
Antonio dal Piaz: Die Obstweinbereitung, Wien / Leipzig 1913
Birgit Prasser-Schäfer / Günther Schäfer: Epfeltranc und Birnenmost, Konstanz 1992

Herstellung, Geschichte
David M. Rivas: La Sidra Asturiana, Xixón 2004
Christ. Heinr. Schmidt: Obstweinkunde, Weimar 1859
Antxon Aguirre Sorondo: La Sidra Sagardoa, San Sebastian 1996
Jörg Stier: Vom Baum in den Bembel, Hanau 2000
Ben Watson: Cider hard and sweet, Woodstock 1999

Obstwiese
Arbeitskreis Streuobst Maintal (Herausgeber): Schenk mir deine Geschichte, Hanau 2008
Cornelia Blume: Die Streuobstwiese, Darmstadt 2010
Jahn / Lucas / Oberdick: Handbuch der Obstkunde, Stuttgart 1859
Kausch-Blecken von Schmeling: Der Speierling, Bovenden 1992
Herbert Petzold: Apfelsorten, Radebeul 1990
Erika Schermaul: Paradiesapfel und Pastorenbirne, Ostfildern 2004
Johann Caspar Schiller: Die Baumzucht im Großen, Neustrelitz 1795
Josef Weimer: Die Entwicklung des Apfels, Schaafheim 2008
Josef Weimer: Vom Wildapfel zum Kulturapfel, Schaafheim 2010
Zehnder / Weller: Streuobstanbau, Stuttgart 2006

Weiterführende Literatur
Würdig / Woller: Chemie des Weines, Stuttgart 1989
Troost: Technologie des Weines, Stuttgart 1980
Tanner / Brunner: Getränke Analytik, Schwäbisch Hall 1979

Wegweiser

Baumschulen

Urholz
Thomas Kellner
Kleingartacher Str. 21
74193 Schwaigern-Stetten
Tel 07138 6003
www.urholz.de
Baumschule mit Speierling und Elsbeerpflanzen. Möbel und Skultpturen.

Baumschule Rinn KG
Heuchelheimer Str. 129
35398 Gießen
www.rinnbaumschule.de
Traditionelle Obstbaumproduktion seit 1904. Obstbäume, auch als Solitärobstbäume und Wildobst für die Streuobstwiese.

Baumschule Müller
Baumschulstraße 2
63589 Linsengericht
Tel 06051 97260
www.meingarten-gelnhausen.de

Klaus Ganter KG
Markenbaumschule
Baumstr. 2
79369 Wyhl
Tel 07642 1061
info@ganter-baden.de
www.ganter-baden.de
Spezialobstbaumzucht

Baumschule Brenninger
Hofstarring 2
84439 Steinkirchen
Tel 08084 259901
baumschule@brenninger.de
www.brenninger.de
Alte Obstsorten

Baumschule Köhler
Hammersbacher Straße 56
63486 Bruchköbel
Tel 06181 71603
info@baumschule-koehler.de
www.baumschule-koehler.de

Bestellung hochstämmiger Obstbäume → S. 110 (Landschaftspflegeverband Main-Kinzig. Main-Äppel-Haus).

Keltereien mit Zusatz-angeboten

Wissel´s mobile Kelterei + Bioland Streuobstbau
Monika + Dieter Wissel
Finkenweg 5
63776 Mömbris-Königshofen
Tel 06029 6728
Mobil 017 58084514
www.wissels-mobile-kelterei.de
Mobile Lohnkelterei mit Abfüllstation für haltbaren Fruchtsaft. Verkauf von Säften, Süßmost, Sortenapfelweinen, Fruchtweinen, Fruchtaufstrichen. Streuobstbaumschnitt: Beratung und Kurse.

Marthas Mobile Mosterei
Martha & Axel Schmidt
Herrenpferchstraße 17
35753 Greifenstein-Beilstein
Tel 02779 256
www.marthas-mobile-mosterei.de
Die Äpfel werden in Beilstein oder ab 1,5 t direkt vor Ort gepresst. Auf Wunsch wird der Saft pasteurisiert und in »Bag in Box« abgefüllt.

Vilbeler Schaukelterei
Grüner Weg 14 a
61118 Bad Vilbel
schaukelterei@pomolo.de
Schaukeltern, Lohnkelterei, Baumschnittkurse, Führungen durch »die Wingert«.

Kelterei Nöll
Alt Griesheim 8
65933 Frankfurt
Tel 069 381442
www.noell-apfelwein.de

Obsthof Schneider
Andreas Schneider
Am Steinberg 24
60437 Frankfurt
Tel 06101 41522
www.obsthof-am-steinberg.de
Sortenreine Apfelweine, Schoppenwirtschaft

Dieter Walz
Tucholskyweg 6
64658 Fürth/Odw.
Tel 06253 23280
www.apfelwalzer.de

Manufaktur Jörg Geiger
Reichenbacher Straße 2
73114 Schlat / Göppingen
Tel 07161 9990224
www.manufaktur-joerg-geiger.de

Kelterei Stier
Am Kreuzstein 25
63477 Maintal
Tel 06109 65099
www.kelterei-stier.de
Apfelwein-Spezialitäten, Veranstaltungen, Apfelladen.

Kellerei & Brennerei Döhne
Joachim Döhne
Hauptstraße 31
34270 Schauenburg-Breitenbach
Tel 05601 4486
E-Mail: kellereidoehne@aol.com
www.kulinarisches-vom-bauernhof.de (Link Kulino-Betriebe)

Kelterei Elm
Harald Elm
Im Weiher 7
36103 Flieden
Tel 06655 9800
www.kelterei-elm.de

Kelterei Matsch & Brei
Reinhard Kuball
Steinweg 10
35279 Speckswinkel
Tel 06692 1400
www.matschundbrei.de

Kelterei Stenger
Hauptstraße 7
63773 Goldbach
Tel 06021 51756
www.kelterei-stenger.de

Rapp's Kelterei
Brunnenstraße 1
61184 Karben
Tel 06039 91940
www.rapps.de

Kelterei Possmann
Eschborner Landstr. 156–162
60489 Frankfurt
Tel 069 7899040
www.possmann.de

Kelterei Heil
An den Obstwiesen
35789 Laubuseschbach
Tel 06475 91310
www.kelterei-heil.de

Kelterei Hoppe
Bahnhofstraße 2
65611 Brechen
Tel 06438 83660
www.kelterei-hoppe.de

Keltereibedarf

Paul Arauner GmbH & Co. KG.
Wörthstraße 34/36
97318 Kitzingen
Tel 09321 13500
www.arauner.com
Weinanalysen, Literatur, Gärhefen, Behälter, viele Spezialangebote für Hobbykelterer.

C. Schliessmann Kellerei-Chemie GmbH & Co. KG
Auwiesenstraße 5
74523 Schwäbisch Hall
Tel 0791 97191-0
www.c-schliessmann.de
Hilfsstoffe für die Verarbeitung von Obst zu Saft, Konfitüre, Wein, Likör, Destillat.
Methoden für die Getränkeuntersuchung; Getränkelabor (www.weinlabor-schliessmann.de).
Fachliteratur.

Karl Bockmeyer Kellereitechnik GmbH
Zementwerk 3
72622 Nürtlingen
Tel 07022 933430
www.bockmeyer.de
Behälter, Keltergeräte, Hefen und weitere Zusatzstoffe.

Volbers Kellereiartikel GmbH
Lochweg 21
97318 Kitzingen
Tel 09321 36767
www.volbers.com
Behälter, Analysegeräte, Hefen.

Carl Jacobs GmbH
Am Weinkastel 10
55270 Klein-Winternheim
Tel 0613699390
www.jacobs@1865.de
Filter, Filterhilfsmittel, Armaturen, Reinigungsmittel.

Wickert Kellereibedarf
Heinrich Wickert
Bornbachstraße 10
76829 Landau
Tel 06341 96540
info@wickert-landau.de
www.wickert-landau.eu
Hefen, Filtrationstechnik, Behälter, Armaturen, Pumpen.

Speidel Tank- und Behälterbau
Tübinger Straße 14
72131 Ofterdingen
Tel 07473 94620
www.speidel-behaelter.de
Tanks und Behälter für den privaten Hersteller bis zu gewerblicher Wein- und Safteinlagerung. Mühlen und Keltergeräte für kleine Verarbeitungsmengen.

Moser Kellereibedarf
Eisentalstraße 7
71332 Waiblingen
Tel 07151 958170
www.carmoser.de
Verschiedene Mühlen und Pressen für kleine Keltermengen.

Valentin Stossier OHG
Hauptstraße 136
A-9210 Pörtschach
Tel 0043 4272 2238
www.stossier.at
Obstpressen, Keltereibedarf.

Helmut Rink GmbH
Wangener Straße 18
88279 Amtzell
Tel 07520 6145
www.rink-gmbh.de
Keltergeräte für die Hauskelterei und für die gewerbliche Herstellung, Behälter, Filter, Pumpen.

voran Maschinen GmbH
Inn 7
A-4632 Pichl bei Wels
Tel 0043 72494440
www.voran.at
Bandpressen, bereits für Kleinkeltereien nutzbar.

Flottweg AG
Industriestraße 6-8
84137 Vilsbiburg
Tel 08741 3010
www.flottweg.de
Bandpressen unterschiedlicher Größen.

Keltereibedarf (gewerblich)

WÜMA Maschinenbau GmbH
Edekastraße 6
68542 Heddesheim
Tel 06203 4745
Keltergeräte für die gewerbliche Saft- und Weinbereitung.

Bucher Unipektin AG
Wolfgang Baumgartner
Murzlenstraße 80
CH-8166 Niederweningen
Tel 0041 44 8572300
www.bucherunipektin.com
Verschiedene Presssysteme für die gewerbliche Saftkelterung.

Amos Engineering GmbH
Bahnhofstraße 1
74078 Heilbronn
Tel 07133 901430
www.amos.de
Diverse Keltergeräte für die gewerbliche Saftbereitung.

Kitzinger Maschinenbau GmbH
Altholzkrug 9
24976 Handewitt
Tel 0461 95366
www.kitzinger-gmbh.de
Flaschenspülmaschinen für gewerbliche Keltereien.

Leibinger GmbH
Brühlstraße 10
79331 Teningen
Tel 07641 4688-0
www.leibinger.eu
Füll-, Transvasier- oder Dosenmaschinen.

Getränketechnik Holler
Bürgermeister Dr. Altmannstraße 27
92431 Neunburg vorm Wald
Tel 09672 9275078
Abfüllmaschinen für gewerbliche Keltereien.

Publikationen

Jahresheft Pomologen-Verein
Dehlenkamp 11
32765 Detmold
Tel 05231 9807502
www.pomologen-verein.de
Erhaltung der Obstsortenvielfalt.

Apfelbote
Informiert zweimal jährlich (Frühjahr und Herbst) über alle Termine rund um die Hessische Apfelwein- und Obstwiesenroute → S. 108. Onlineausgabe kann unter www.gutes-aus-hessen.de heruntergeladen werden. Printausgabe bei den Mitgliedsbetrieben. Herausgegeben von der MGH GUTES AUS HESSEN GmbH → S. 108.

VIVIR La Sidra
Avda. da Galicia, 7.9° izda.
E 33005 Oviedo / Spanien
Asturischer Sidra.

ArMen
Abri du marin - B.P. 159
F 29171 Douarnenez Cedex / Frankreich
Bretonischer Cidre.

Mostviertel Magazin
Dorf 181
A 3343 Hollenstein an der Ypps / Österreich
www.momag.at
Tel 0043 7442 52650
Most im österreichischen Mostviertel.

FLÜSSIGES OBST
Raiffeisenstraße 27
56587 Straßenhaus
Tel 02634 9235 0
www.fluessiges-obst.de
Fachmagazin für die Getränkebranche.

Verbände Vereine Museen

Gutes aus Hessen
Homburger Straße 9
61169 Friedberg
Tel 06031 73235
www.gutes-aus-hessen.de
Vermarktungsagentur für landwirtschaftliche Produkte aus Hessen.

Hessische Apfelwein- und Obstwiesenroute
Ein Netz von Wander- und Radrouten, die durch Streuobstwiesen zu Apfelweinlokalen, Keltereien und Hofläden führen. Information und Kartenmaterial über »Gutes aus Hessen«.

Verband d. hess. Apfelwein- u. Fruchtsaftkeltereien e. V.
Herr Ball
Frankfurter Str. 20
63150 Heusenstamm
www.apfelwein.de

Kooperation Hessen à la carte
Auguste-Victoria-Straße 6
65201 Wiesbaden
Tel. 0611 992010
www.dehoga-hessen.de
In der Restaurantkooperation Hessen à la carte haben sich zurzeit über 100 Gastronomen aus ganz Hessen zusammengeschlossen. Sie stehen für Regionalität, Produktqualität und Ursprünglichkeit aus Hessen.

Hessische Wirtshaus Kelterer
www.hessische-wirtshauskelterer.de
Zusamenschluss von Apfelwein kelternden Gastronomen → S. 114 mit dem Ziel, den Apfel und den Apfelwein wieder ins Herz aller Hessen zu rücken.

Vereinigung der Apfelweinwirte Frankfurt am Main und Umgebung e.V.
Peter Häfner
Falkstraße 34
60487 Frankfurt
www.apfelweinwirte.de
www.facebook.com/apfelweinwirte

Landesverband Hessen für Obstbau, Garten und Landschaftspflege e.V.
Friedensstraße 26
35578 Wetzlar
Tel 06441 921063
www.logl-hessen.de
(mit Verweis auf die Kreisverbände)

Naturschutz-Zentrum Hessen Projekt GmbH
Friedenstraße 26
35578 Wetzlar
Tel 06441 921063
www.nzh-projekt-gmbh.de
Dienstleistungen im Bereich Natur- und Umweltschutz.

Apfelweinmuseum i.Gr.
Trägerverein Deutsches Apfelweinmuseum e.V.
Eschborner Landstraße 156
60489 Frankfurt
Ziel ist die Gründung eines »Hauses der Deutschen Apfelweinkultur« in Frankfurt, über welches den Besuchern in vielfältiger Weise das regionale Getränk vermittelt wird.

Obstmuseum Pomarium Anglicum
Winderatt
24966 Sörup
Tel 04635 2745
www.pomarium-anglicum.de
Schaugarten, Führungen.

ACH Apfelwein-Centrum Hessen e.V.
Verein zur Förderung regionaler Apfelweinkultur
Pressestelle
Agentur Mainblick
Roßdorfer Straße 19a
60385 Frankfurt
www.apfelwein-centrum-hessen.de
Vernetzung der Apfelweinregionen und Entwicklung von Perspektiven regionaler Apfelweinkultur.

Beratung

Josef Weimer
Schäfergasse 1
64850 Schaafheim
www.josef-weimer.de
Seminare und Fortbildungskurse zu verschiedensten Themen des Obstbaus (u.a. Schnitt- und Pflegearbeiten an Obstgehölzen).

Christof Lorenz
Natur und Landschaftsführer
Burgweg 2
63825 Schöllkrippen
Tel 06024 9985
E-Mail: kahlgrundapfel@t-online.de
Streuobstwiesenführungen
Obstbaumberatungen

Landschaftspflegeverband Main-Kinzig-Kreis e.V.
Barbara Fiselius
Georg-Hartmann-Straße 5–7
63637 Jossgrund-Burgjoß
Tel 06059 906688
www.lpv-mkk.de
Über den »LPV« kann man Obstbäume, insbes. Hochstämme (große Auswahl auch alter Sorten) bestellen.
Ausbildung zum »zertifizierten Landschaftsobstbauer«.
Beratung über Fördermöglichkeiten.
Vermittlung von Streuobstwiesengrundstücken (im Aufbau).

Main-Äppel-Haus
Streuobstzentrum e.V.
Neuer Weg 39
60388 Frankfurt am Main
Tel 06109 35413
www.mainaeppelhauslohrberg.de
Führungen durch den Naturerlebnisgarten, Obstgartentipps, Merkblätter, Bestellung von Obstbäumen.
Äppel-Bistro, Hofladen.

Arbeitskreis Streuobst Maintal
Friedhofstr. 12
63477 Maintal
dr.r.vandamme@web.de
www.streuobst-maintal.de
Schnittkurse, Pflanzenschutzberatung, Okulationslehrgänge.

Freundeskreis Eberstädter Streuobstwiesen e.V.
Steckenbornweg 65
64297 Darmstadt
Tel 06151 53289
ww.streuobstwiesen-eberstadt.de
Exkursionen und Fortbildung (z.B. Baumschnitt)

Hessische Obst- und Gartenbauvereine
Gerhard Weinrich
Klingenweg 90
60389 Frankfurt
Informations- und Begegnungsstätte.

Landesverband Hessischer Imker e.V.
Erlenstraße 9
35274 Kirchhain
Tel 06422 2624
www.hessische-imker.de

Töpferei Maurer
Monika Maurer
Wallstraße 5
Tel 069 616340
www.keramik-maurer.de
Bembel und Steinzeug.

Nik. Schmitt & Sohn
Huberstraße 1
55595 Sparbrücken
Tel 06706 1033
www.steinzeug-schmitt.de
Steinzeug, Bembel, Korbflaschen.

Schilz GmbH
Brunnenstraße 8
56195 Höhr-Grenzhausen
www.schilz-keramik.de
Bembel, salzglasiertes Steinzeug

Rund um den Apfelwein

Töpferei Girmscheid
Rheinstraße 41 (gegenüber der Fachhochschule)
56203 Höhr-Grenzhausen
Tel 02624 7182
www.girmscheid.de
Bembel aus salzglasiertem Steinzeug.

Rastal
Rastalstraße 1
D-56203 Höhr-Grenzhausen
Tel 02624 160
www.rastal.de
Gläser, natürlich auch die »Gerippten«.

kaufhausHESSEN
Berger Straße 288
60385 Frankfurt am Main
Tel 069 36601917
www.kaufhaushessen.de
Produkte und Geschenkideen »Made in Hessen«

Hessen Shop
Leipziger Straße 49, auch in Sachenhausen und in der Kleinmarkthalle
60487 Frankfurt
Tel 069 91318149
www.hessen-shop.com
Der Hessen Shop ist DIE Fundgrube für jeden Lokalpatrioten und Hessen-Fans. Egal ob Genuss, Kultur, Freizeit oder Historisches – kein Bereich, den der Laden nicht abdeckt.

Kaufrauscher
Bembel GmbH – Agentur für Reklame
Klappergasse 14
60594 Frankfurt am Main
Tel 069 66369915
www.kaufrauscher.de
Original hessische Klamodde und annern Kram für Frauen, Männer und Kinner.

Pomolo Obstweine
Jürgen Pfeiffer, Wolfgang Lazar
Gronauer Weg 23
61184 Karben-Rendel
Tel 06039 939418
www.pomolo.de
Obstsecco und Obstbrände aus Früchten der Region.

beeindruckt.com
Daniel Hendrich
Sandweg 105
60316 Frankfurt
Tel 069 24141001
www.beeindruckt.com
T-Shirt- und Bembel-Shop mit hessischen und personalisierten Designs. »Bembel up your life« bringt das hessische Lebensgefühl unter Menschen.

Bembeltown
Design and more
c/o SMS FRANKFURT
Jürgen Schreiter
Burgfriedenstraße 17
60489 Frankfurt
Tel 069 95909700
www.bembeltown.com
Design-Ideen und Souvenirs rund um Frankfurt.

Apfelweinhandlung Becker
Bornheimer Landstraße 18
60316 Frankfurt
Tel 0176 35424235
www.apfelweinhandlung.de
Nationale und internationale Apfelwein-Spezialitäten, Verkostungen.

Apfelweinkontor
Kalveram & Rühl GbR
Wallstraße 13
60594 Frankfurt
Tel 069 90756100
www.apfelweinkontor.de
Produktion und Verkauf eigener Apfelweine, großes Sortiment hessischer und internationaler Apfelweine. Regelmäßige öffentliche Apfelwein-Verkostungen.

Gastronomie mit apfeligen Spezialitäten

Landsteiner Mühle
Michael Stöckl
Landstein 1
61276 Weilrod
Tel 06083 346
www.apfelweinbistrorant.de

Schuch's Restaurant
Jürgen Schuch
Alt Praunheim 11
60488 Frankfurt
Tel 069 761005
www.schuchs-restaurant.de

krenzers rhön
Jürgen H. Krenzer & das
Rhönerlebnis-Team
Eisenacher Straße 24
36115 Ehrenberg-Seiferts
SchafFon 06683 96340
www.rhoenerlebnis.de
Rhönschaf-Hotel Krone
Rhöner Schau-Kelterei
Rhöner ApfelSherry Theater
R.A.S.T.
ApfelSherry-Manufaktur.

Zur Buchscheer
Robert Theobald
Schwarzsteinkautweg 17
60598 Frankfurt am Main
Tel 069 635121
www.buchscheer.de

Treuschs Schwanen
Armin Treusch
Rathausplatz 2
64385 Reichelsheim
Tel 06164 2226
www.treuschs-schwanen.com

Gasthaus Dornrös'chen
Peter Merkel
Annelsbacher Tal 43
64739 Höchst-Annelsbach
Tel 06163 2484
www.dornroeschen-annels-
bach.de

Gasthof Hainmühle
Wilhelm Arnold
Mühltal 1
35315 Homberg (Ohm)
Tel 06633 315
www.hainmuehle.de

Flörsbacher Hof
Am Vockeweg 1
63639 Flörsbachtal
Tel 06057 790
www.floersbacher-hof.de

Goldener Bock
Altstädter Markt 1
63450 Hanau
Tel 06181 4349834
www.goldenerbock.com

Buchwald
Buchwaldstraße 22a
60385 Frankfurt
Tel 069 46003272
www.der-buchwald.de

Waldenser Hof
Langstraße 71
64546 Mörfelden-Waldorf
Tel 06105 2793105

Alt Orschel
Wiederholtstraße 9
61440 Oberursel
Tel 06171 57013
www.alt-orschel.de
Ebbelwoi-Straußwirtschaft, Kelterei (Lohnkelterei).

Obsthof am Berg
Holger & Ralf Henrich
Auf der Hohlmauer 2
65830 Kriftel
Tel 06192 42961
www.obsthof-am-berg.de
Apfelweinstraußwirtschaft, Kelterei, Brennerei.

Apfelwein Straußwirtschaft Hasengasse 1, Fam. Pfeiffer
Hasengasse 1
61118 Bad Vilbel
Tel 06101 86819
Nahe am Nidda-Radweg.

Äbbel Seppel
Große Fischergasse 6
63500 Seligenstadt
Tel 06182 3426
www.aebbelseppel.de

Äppel Lipp
Altenstädter Straße 48
63674 Altenstadt-Lindheim
Tel 06047 987682
Apfelweinstraußwirtschaft.

Zum Gerippte
Borngasse 30
61169 Friedberg-Ockstadt
Tel 06031 3009
www.zum.gerippte.de
Apfelweinstraußwirtschaft.

Immenhof
Borngasse 8
65812 Bad Soden-Neuenhain
Te 06196 528862
www.immenhof-neuenhain.de
Apfelweinstraußwirtschaft, Apfelwein-Manufaktur, Apfel-wein-Kelterei.

Wir begleiten
Ihre erfolgreiche
Getränkeherstellung
SCHLIESSMANN
SCHWÄBISCH HALL
Und was machen Sie aus Ihrem Obst?
Ob Saft, Wein, Sirup, Likör, Destillat,
Konfitüre oder Gelee,...
...bei uns finden Sie alle Zutaten
und Hilfsstoffe in haushaltsüblichen
und gewerblichen Abpackungen.
Telefon: 0791 / 971910
www.c-schliessmann.de

Behälter aus Leidenschaft!
Kernobst-schneidemühle Hydropresse
Für die häusliche und gewerbliche Saftgewinnung. Frischer Saft aus eigenem Obst.
PE Getränkefass
Für kurzzeitige Saftlagerung, Transport, Vergärung von Wein und Obst.
Edelstahl - Universalfass - Saftfass, - Druckmostfass
Zur Lagerung von Säften und Süßmosten ohne Konservierungsmittel.
Edelstahl-Lagerbehälter
Zur Gärung und Lagerung von Wein und Most.
www.speidel-behaelter.de
SPEIDEL
Speidel Tank- und Behälterbau GmbH
Krummenstraße 2 · 72131 Ofterdingen · Tel.: 07473 9462-0· Fax: 07473 9462-99